数据库服务中基于密码学的访问控制

◎ 田秀霞 孙建国 周傲英 顾春华 著

清華大學出版社
北京

内容简介

本书是针对安全研究领域的学术专著，内容包括基于属性加密的访问控制增强、基于谓词加密的访问控制增强、基于代理加密的访问控制增强、基于密码提交协议的访问控制增强，以及基于密文策略属性集合加密的访问控制增强。

本书适用于信息安全领域或数据库安全领域的研究者。此书在多项基金资助下撰写完成：国家自然科学基金（No. 61202020）、CCF-腾讯犀牛鸟创意基金（No. CCF-TencentlAGR20150109）、上海市科委地方能力建设基金（No. 15110500700）。

图书在版编目（CIP）数据

数据库服务中基于密码学的访问控制/田秀霞等著. —北京：清华大学出版社，2017
ISBN 978-7-302-43916-5

Ⅰ. ①数…　Ⅱ. ①田…　Ⅲ. ①数据库－密码－访问控制　Ⅳ. ①TP309.7

中国版本图书馆 CIP 数据核字（2016）第 111160 号

责任编辑：付弘宇　薛　阳
封面设计：刘　键
责任校对：梁　毅
责任印制：刘海龙

出版发行：清华大学出版社
网　址：http://www.tup.com.cn，http://www.wqbook.com
地　址：北京清华大学学研大厦 A 座　**邮　编**：100084
社总机：010-62770175　**邮　购**：010-62786544
投稿与读者服务：010-62776969，c-service@tup.tsinghua.edu.cn
质量反馈：010-62772015，zhiliang@tup.tsinghua.edu.cn
课件下载：http://www.tup.com.cn，010-62795954
印 装 者：北京泽宇印刷有限公司
经　销：全国新华书店
开　本：170mm×230mm　**印　张**：7.75　**字　数**：122 千字
版　次：2017 年 2 月第 1 版　**印　次**：2017 年 2 月第 1 次印刷
印　数：1～1000
定　价：35.00 元

产品编号：066577-01

随着越来越多的数据以电子的形式被收集、存储，许多企业开始难以承受海量数据管理和维护带来的人力、财力、物力等巨大开销，转而希望将自己的海量数据委托给一个既能提供基本的、可靠的硬件基础设施，又能提供专业数据管理的第三方服务提供者存储、管理和维护。数据库服务作为一种新的基于云计算平台的网络数据管理模式满足了企业的这种需求，并可以提供像本地数据库一样的数据管理服务。然而，越来越多的数据涉及敏感信息，如医疗记录、交易信息、证券信息、财务信息等，此外，企业间的竞争以及数据库隐私数据窃取或泄漏促使企业必须选择具有安全和隐私保护能力的网络数据管理技术。

有关数据库服务中安全技术的研究已有多年，但大多在数据的机密性、数据的完整性、数据的完备性、查询隐私保护等方面对数据库服务进行研究，而对隐私保护机制，如提高密文数据库可用性的访问控制增强、保护用户和策略隐私的访问控制增强等方面研究较少。

本书主要从以下几个方面论述基于密码技术的访问控制增强，实现数据库服务模式下隐私增强的访问控制机制。

(1) 数据库加密：

① 采用不同的加密机制加密数据库数据，如对称加密、非对称加密、代理加密、基于属性的加密、谓词加密等；

② 设置不同的加密粒度，如文件级、表级、元组级、属性级；

③ 设置不同的加密层次，如存储层加密、数据库层加密、应用层加密。

(2) 基于属性加密的访问控制增强：访问控制策略根据合法用户属性的特性描述，而不是消费者用户的真实身份等，再有就是能够访问数据特定区块的授权消费者用户列表也是不能事先知道的。特别是基于属性的访问授权，提供了更好的表达性和可控性。

(3) 基于谓词加密的访问控制增强：在第三方提供外包管理服务的数据库服务场景中，数据库所有者可能想定义一个策略来决定谁可以恢复秘密数据。如分类的数据可能和特定的关键词关联，这些数据可以被允许阅读所有类信息的用户访问，也可以被允许阅读和特定关键词关联的用户访问，再如，医疗外包数据能被具有不同访问许可的医生、个人或疾病研究机构访问。在第三方服务提供者仅提供检索转发服务的应用中，邮件转发服务器只需要检测加密的邮件是否满足用户查询的邮件关键词，而不需要知道加密的邮件内容。谓词加密作为一种新的密码学机制提供了密文数据上细粒度的访问控制。

(4) 基于密码提交协议的访问控制增强：实现了在数据库服务提供者端增强数据库拥有者的访问控制策略，同时也保证了用户身份和委托访问控制策略的隐私。该机制利用密码学中被证明是无条件隐藏的 Pedersen 协议来保证用户身份属性的隐私；分别用根据访问控制策略的选择加密和根据委托访问控制策略的选择加密来增强数据库拥有者端和数据库服务提供者端的选择访问授权。

(5) 基于密文策略属性集合加密的访问控制增强：采用基于密文策略属性集合加密和数据库服务提供者再加密相融合的方法实现。提出的机制实现了多重隐私保证下的访问控制增强：委托数据中的数据隐私、委托授权表中的策略隐私和密钥分布过程中的密钥隐私。

目录
CONTENTS

第1章

绪　论

1.1　数据库服务应用背景

随着网络技术和通信技术的飞速发展，越来越多的应用如电子银行、社交网络、电子政务、医疗服务等发展成网络应用，通过这些应用收集的消费者信息、交易信息、医疗信息等海量数据以电子化的方式被存储和管理。这使得很多企业不得不高薪聘请专业的数据库管理人员进行数据库的安全管理、灾难恢复、软件更新等非企业核心业务工作。为了将自身从非核心的数据库管理业务中解脱出来，进而专心于创造更大的核心业务价值，越来越多的企业开始寻求一种专业的数据库管理服务，并希望其能够代表企业利益提供如同本地管理一样的数据维护、软件更新、灾难恢复等数据管理服务。

本章参考文献[1]提出了数据库服务的概念，该技术一经提出就受到来自学术界和工业界的广泛关注[22]，如 Amazon 关系数据库服务（Amazon Relational Database Service，Amazon RDS）、基于 Microsoft Azure 的 SQL 数据库（Microsoft Azure SQL Database，MS SQL）、Google 的 Cloud SQL，Salesforce 的 Database. com、Baidu 云数据库、Aliyun 关系型数据库等。工业界基于云数据库管理服务的实际部署进一步验证了企业的需求趋向。

1.2 数据库服务基本概念

由于越来越多的数据信息涉及用户个人隐私或相关隐私，如在线银行中的用户信息（如信用卡号和密码），在线医疗中的敏感病症（如传染病或癌症），在线社交网络中的朋友圈（如富有朋友圈）等。而一系列隐私数据泄漏事故[23]，导致大量网民受到隐私泄漏的威胁，如已经成为规模经济的信用卡黑色地下交易链；2011 年 12 月 CSDN、世纪佳缘等多家网站的用户数据库被曝光在网络上，部分密码以明文方式显示；2013 年 10 月，如家、七天等连锁酒店被网曝有多达 2000 万条客户开房信息遭泄漏；2013 年 11 月，圆通速递近百万条快递单个人信息在网络上被公开出售，网上甚至还出现了专门交易快递单号的网站；2014 年 12 月，12306 火车订票 13 万用户信息泄漏事件；2015 年 5 月，携程物理数据库被删除等。因此，这里参考在综述文献[2]和学位论文[3]中提出的数据库服务概念，并结合工业界[22]对数据库服务的功能需求以及不同实体的隐私保护需求，补充给出如下数据库服务概念（本文之后出现的相关概念和符号都以该定义为参考基准）。

【定义 1：数据库服务】 数据库服务（Database as a Service，DaaS），也称作数据库外包（Database Outsourcing），就是指企业（数据拥有者）将自身的数据库创建、访问、维护、升级、管理、安全设置等任务委托给专门的可以提供这些功能的第三方（数据库服务提供者）管理。采用 DaaS 实现的管理优势：一方面可以减轻企业购买昂贵的软件、硬件、处理软件升级、雇用数据库管理和专业维护人员耗费的负担，另一方面，企业也可以将有限的资源集中在自身具有核心竞争力的业务上。同时，提供 DaaS 的专业企业也可以通过取得大量该业务的订单，对不同的企业提供类似的服务来减小开支，取得规模经济，获得利润。采用 DaaS 需要增强隐私保护需求：一方面提供数据机密性、完整性、访问控制授权等基本安全需求，另一方面结合数据的敏感性和用户隐私需求提供特定的数据隐私（数据对 DSP 是不可见的）、请求用户（数据消费者）的查询保护（如完备性、查询隐私等）、访问控制隐私增强等。

1.3 数据库服务框架

我们在文献[2]中用面向服务(Service-Oriented Architecture,SOA)的观点来刻画了数据库服务的架构,如图1.1所示。该架构主要包括三个角色(数据拥有者、数据库服务提供者和数据请求者)和三类数据(数据源、查询与结果、密钥)。下面对这三个角色分别给予介绍。

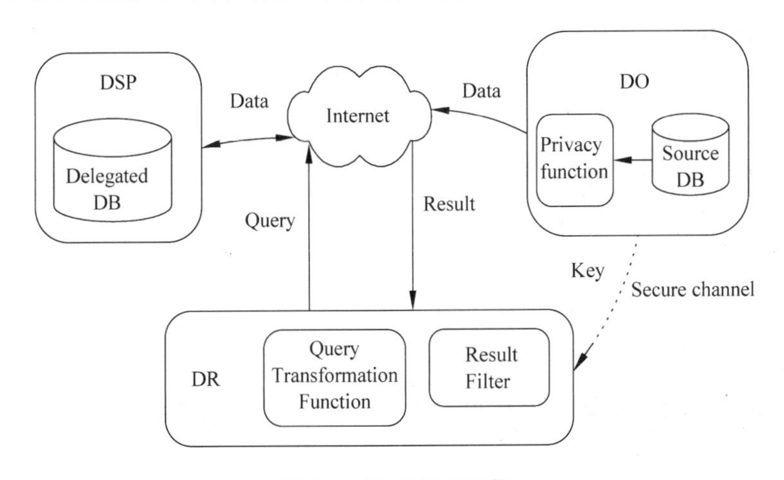

图1.1 DaaS系统架构

(1) 数据库服务提供者(DaaS Provider,DSP)。DSP是指一个专业的提供DaaS的企业(如Amazon,Microsoft等),维护客户的数据库(图1.1中委托管理的数据库(Delegated DB)),并能够像本地数据库一样正确地进行数据库的复制、备份等数据管理任务。但是DSP不一定能够保证委托数据的机密性,并且其本身也可能是数据库的攻击者。所以为了防止DSP对委托的数据库中敏感数据的未授权访问,他从DO处接收的数据是经过保护数据隐私方式(如图1.1中DO处的隐私数据处理模块(Privacy function))处理过的数据。DSP可以根据DO提供的辅助信息(索引信息)在不泄漏数据隐私的情况下有效地响应数据请求者的查询,而且不能解密密文数据并查看数据请求者真实的查询结果。

(2) 数据拥有者(Data Owners,DO)。DO是实际上拥有自身用户数据(图 1.1 中数据源(Source DB))的企业或个人(如使用第三方存储平台的个人用户),收集用户数据,并将用户数据以保护数据隐私的方式委托给 DSP。为了加快对委托的密文数据库的查询效率,DO 需要提供一些辅助手段,如针对某些字段建立保护隐私的索引或采用保护隐私的访问控制授权等,提高委托的密文数据库的可用性。

(3) 数据请求者(Data Requestor,DR)。DR 是指可以将用户的查询转换成数据库服务器可识别的查询(如通过图 1.1 中 DR 处的查询转换(Query Transformation Function)实现)、将数据库服务器返回的保护隐私的查询结果经过处理(如通过图 1.1 中 DR 处的结果过滤(Result Filter)实现),方便用户进行查询后处理的前端。DR 具有一定的计算和存储能力,如 DR 可以是计算机,也可以是移动电话或无线 PDA 等。

图 1.1 中涉及的三类数据传送操作是 DO 和 DSP 之间的数据传送、DR 和 DSP 之间的查询和结果返回以及 DO 和 DR 之间的密钥分发和验证结构传送,具体如下。

(1) DO 和 DSP 之间的数据传送。DO 和 DSP 之间的数据传送是指在传统数据库的基础上增加的 DO 和 DSP 之间的交互。在 DO 和 DSP 之间传送数据时,数据必须以某种保护数据隐私的方式(如加密数据)传送,因为企业传送的数据可能涉及财务、用户身份、客户资料等隐私信息。

(2) DR 和 DSP 之间的查询和结果返回。DR 和 DSP 之间的查询和结果返回是指 DR 可以向 DSP 提交查询,提交的查询和客户/服务器模式类似,不同的是 DR 的查询需要经过查询转换,转换成 DSP 可以识别的相关属性的隐私保护形式。DSP 接受查询并在密文数据库上执行该查询,然后在不泄漏数据隐私的情况下返回查询结果。

(3) DO 和 DR 之间的密钥分发和验证结构传送。DO 和 DR 之间的密钥分发和验证结构(一般采用参考文献[40]中的方法构造验证对象)传送,主要是为了使得 DR 能够验证 DSP 正确并且完备地返回了 DO 希望返回的数据,DO 将验证的密钥或验证结构以一定的安全方式(如图 1.1 中虚线表示的安全信道(Secure channel))传送给 DR。

研究学者 Hacigumus[1],Mykletun[27] 也对 DaaS 架构进行了一些探索。Mykletun[27] 提出了三种模式:统一客户模式、多查询者模式和多数据拥有者模式。统一客户模式是指每一个委托的数据库仅有一个客户(上述数据拥有者和数据请求者归一)使用,该客户创建、维护和查询数据等。多查询者模式是指与图1.1匹配的模式,有两种类型的客户(分别是图1.1中的DO和DR),DO添加、删除和修改数据库记录,而多个数据请求者可以查询数据库。多数据拥有者模式是指可以有多个拥有不同安全原则的数据库拥有者创建数据库,并将数据库委托给数据库服务提供者管理和维护。实际上,后面两个模型的共同点是都可以存在多个数据请求者。

1.4　数据库服务中安全机制新挑战

数据库服务虽然可以为客户提供必要的硬件、软件维护等,但是由于越来越多的数据信息涉及个人隐私,如一个人是否患有不希望公开的传染病或癌症,而且企业间的竞争以及数据库隐私数据窃取或泄漏促使企业选择具有安全和隐私保护能力的数据库管理技术,因此,目前对数据库服务安全技术的研究主要集中于以下几个方面:数据的机密性、数据的完整性、数据的完备性、查询隐私保护和访问控制策略。每个方面涉及的研究内容以及不同于客户/服务器模式的安全机制新挑战总结描述如下。

(1) 数据的机密性。数据库的内容往往涉及企业的隐秘信息,因此数据库服务需要有完善的数据安全机制来保证数据库的内容不会泄漏(数据的机密性)。数据的机密性,由图1.1中DO处的隐私数据处理模块(如加密、数据分布等)实现,是指DO在将其数据委托给DSP之前需要对被委托的数据进行隐私保护处理,经过处理的数据可以保证数据库的内容在没有授权的情况下不能被访问,包括DSP在内,或者即使可以访问也因为不知道加密数据的密钥而不能推导出真实的委托数据。DaaS提供的数据的机密性主要包括两层含义:一是保护数据不被未授权的DR访问;二是保护数据不被不可信的DSP访问。只有这两种情况下的机密性都被保证的情况下才可以保证企业机密的信息不会泄漏。

(2) 数据的完整性。DaaS服务提供者不一定可信,至少不可能像企业维护自己的数据库一样可信,因此数据库服务需要保证数据库的内容不会被破坏(数据的完整性)。数据的完整性,由图1.1中DO处的隐私数据处理模块(如签名、签名链等)实现,是指 DO 需要提供额外的机制来保证 DSP 对 DR 提交的查询的返回结果是完整的,即返回的查询结果是真实的来自数据拥有者的原始数据,并且没有任何篡改。实际上,DaaS 提供的数据的完整性也存在两层含义:一是保证数据来源的真实性,确实是取自 DO 的数据,这个完整性也称作真实性;二是保护数据不被未授权的人修改,这是通常意义上的完整性。

(3) 数据的完备性。服务提供者不能随意对数据拥有者的数据进行删除、修改或添加自己恶意的数据,因此数据库服务需要保证服务提供者提供的数据是正确的,返回客户的结果是完备的(数据的完备性)。数据的完备性,由图 1.1 中的 DSP 和 DO 共同实现,是指 DO 需要提供额外的机制(如验证结构)来保证 DSP 对 DR 提交的查询结果是完备的,也就是说查询在整个数据库上能够正确执行,并返回所有满足查询条件的元组,DSP 不能恶意地向委托的数据库中添加元组或删除已有元组。保证查询结果的完备性,就是查询结果应该是未经删减过的数据库拥有者实际委托给 DSP 的原始数据(内容和元组个数相同)。

(4) 查询隐私保护。服务提供者不能察觉客户查询相应数据的目的,客户能够从 N 个数据元素中检索第 i 个元素而不被服务提供者发现客户对第 i 个元素感兴趣(查询隐私保护)。查询隐私保护,也称作隐私信息检索,通过图 1.1 中 DR 中的查询转换/结果过滤模块实现,是指 DO 的数据库在委托给 DSP 后,为了保护 DR 的查询意图,DR 需要提供保护请求者隐私的查询,仅通过这个查询,DSP 不能分析请求者的查询目的和操作行为,从而也不能分析 DR 的行为模式。

(5) 访问控制增强。数据库服务在保证上述 4 个方面的安全与隐私的同时,也需要保证数据库的可用性,否则这样的数据库服务没有实际应用价值。所以在数据库服务的可用性方面也提出了挑战:除了通过建立某个属性的索引信息保证数据库的可用性外,还要开发数据库服务中的安全有效的访问控制技术,使得在满足上述安全的情况下实现用户授权访问(访问控制)。为了保护数据隐私和策略隐私,DaaS 中的访问控制策略一般由 DO 定义和维护,这将导致 DO 成为系统中的单点通信瓶颈。为了解决这个问题并有效提高密文数据库的可用性,DO 的访问控制策略需要在服务提供者端增强(访问控制增强)。1.5 节将详细描述数据库服务模式下的访问控制。

1.5 数据库服务模式下的访问控制

根据 1.2 节描述的数据库服务概念以及 1.3 节描述的数据库服务系统架构,数据库服务模式下的访问控制可以描述为图 1.2。主要包括三类实体:数据拥有者(Data Owners,DO)、数据库服务提供者(Database Service Provider,DSP)和数据消费者(Data Consumers,DCusers),这里 DCuser 的功能如同图 1.1 中的 DR。由于 DSP 处于公共云,因此一般假设 DSP 是不可信或者半可信的(Curious-but-Honest),即他对用户的敏感信息很好奇(Curious),但是会诚实地(Honest)执行必要的功能性操作,如查询优化、授权访问等。为了避免数据隐私泄漏给 DSP,大多数方案[1,4~6,8,17~20]采用数据库加密(参见定义 2)实现数据隐私保护。

【定义 2:数据库加密】 数据库加密就是利用加密技术将明文(Plaintext)数据库转换成(部分)加密数据库(Encrypted DB,也可称作密文数据库(Ciphertext DB)),使得其只能被拥有加密密钥(Encryption Keys)的 DCuser 访问,而其他任何 DCuser 都不可访问。

本文中数据库服务模式下的访问控制如图 1.2 所示(虚线表示相应步骤是可选择的),主要是指基于加密数据库的访问控制增强(参考定义 3),根据实际执行访问授权的实体类型,可将其分为如下三类:DO 访问控制增强,DSP 访问控制增强,DO-DSP 访问控制增强。

【定义 3:访问控制增强】 根据传统的访问控制策略如 DAC、RBAC、MAC 等进行第一层访问授权控制可以保证数据的机密性,但是不能保证数据的隐私,因为明文数据对 DSP 是可见的。在 DaaS 模式下,为了进一步保证数据隐私(数据对 DSP 不可见),通过控制密文数据库的加密密钥的分发进行第二层的访问控制授权,即访问控制增强。

(1) DO 访问控制增强:DO 首先根据自己的访问控制策略加密数据库,然后将加密数据库(Encrypted DB)委托给 DSP 管理和维护。在此类访问控制模式中,DO 进行访问授权的直接控制,如通过图 1.2 虚线表示的直

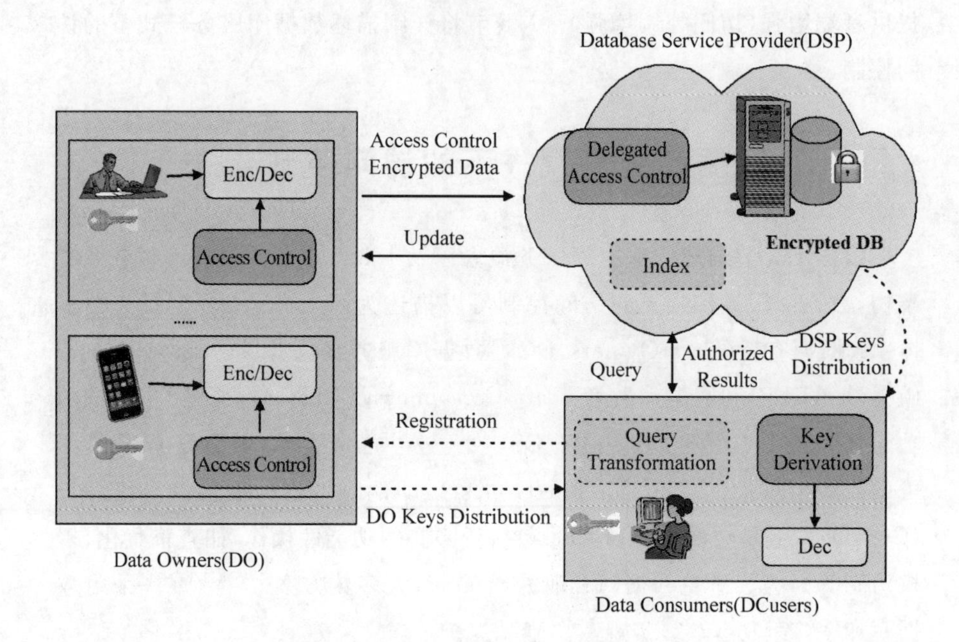

图 1.2 数据库服务模式下的访问控制

接发生在 DO 和授权的 DCusers 之间的密钥分发(DO Keys Distribution)操作实现访问授权控制,然而,DSP 对加密数据库的加密密钥一无所知。

(2) DSP 访问控制增强：DO 不直接进行访问授权的控制,而是将其加密数据库的加密密钥委托给 DSP 管理和分发。在此类访问控制模式中,DSP 可以代表 DO 利益通过图 1.2 虚线表示的直接发生在 DSP 和授权的 DCusers 之间的密钥分发(DSP Keys Distribution)操作实现间接访问授权控制,DSP 知道所有的数据加密密钥。

(3) DO-DSP 访问控制增强：融合了以上两种方案的优点,同时避免了其缺点,如一方面避免了 DO 访问控制增强中 DO 成为通信瓶颈的问题,另一方面避免了 DSP 访问控制增强中 DSP 通过委托的加密密钥窥探 DO 委托的敏感数据的问题。在此类访问控制模式中,DO 需要做两个方面的工作,一是根据自己的访问控制策略选择加密密钥并加密数据库,二是采用一定的访问控制结构(如基于用户属性的访问控制树)保护加密密钥。加密数据库和访问控制结构都委托给 DSP 管理和维护(如图 1.2 中 DO 和 DSP 之间的信息流如 Access Control 和 Encrypted Data 传输)。实际上,根据对数据消费者 DCusers 隐私保护的程度，这种访问控制增强分为两种：DO-DSP 访问控制增强和保护隐私的 DO-DSP 访问控制增强。

1.6 基于密码学的访问控制增强

根据 1.2 节和 1.5 节的描述知道，要实现 DaaS 模式下基于密码学的访问控制增强，需要考虑以下三个方面：加密方法，访问控制策略以及访问控制策略和加密机制融合。

1.6.1 加密方法

加密方法取决于以下三个方面：加密机制，加密粒度和加密层次。

(1) 加密机制[2,3,20]。加密数据库数据的加密机制如对称加密(Symmetric Encryption，SE)、非对称加密(Asymmetric Encryption，ASE)、代理加密(Proxy Re-encryption，PRE)、基于属性的加密(Attribute-Based Encryption，ABE)、谓词加密(Predicate Encryption，PE)等。

(2) 加密粒度[4,7]。加密数据库数据的加密粒度如文件级(File-grained)、表级(Table-grained)、元组级(Tuple-grained)、属性级(Attribute-grained)。

(3) 加密层次[4](如图 1.3 所示)。加密数据库数据的加密层次如存储层加密(Storage-Level Encryption)、数据库层加密(Database-Level Encryption)、应用层加密(Application-Level Encryption)。

一些著名的安全公司如 RSA[12]、Safenet[13]等提供了数据库加密技术指导，另一方面，一些专业的数据库提供商如 Microsoft SQL Server[9]、Oracle[10,11]、Sybase[14]、IBM DB2[15]等提供了不同粒度的数据库加密机制以及配套的密钥管理机制。加密层次不同，保护的数据安全也有所不同[4]，如图 1.3 所示。存储层加密可以保护由于硬盘的丢失而造成的数据丢失风险，但是存储层加密方法不能实现根据用户权限的选择加密，而且加密粒度是文件。数据库层加密可以在不更改应用的情况下有效支持不同粒度的加密，如表级、元组级和属性级，但是可能会导致 DBMS 性能下降，因为数据库层加密可能导致索引的不可用，除非采用专门的加密算法如保持

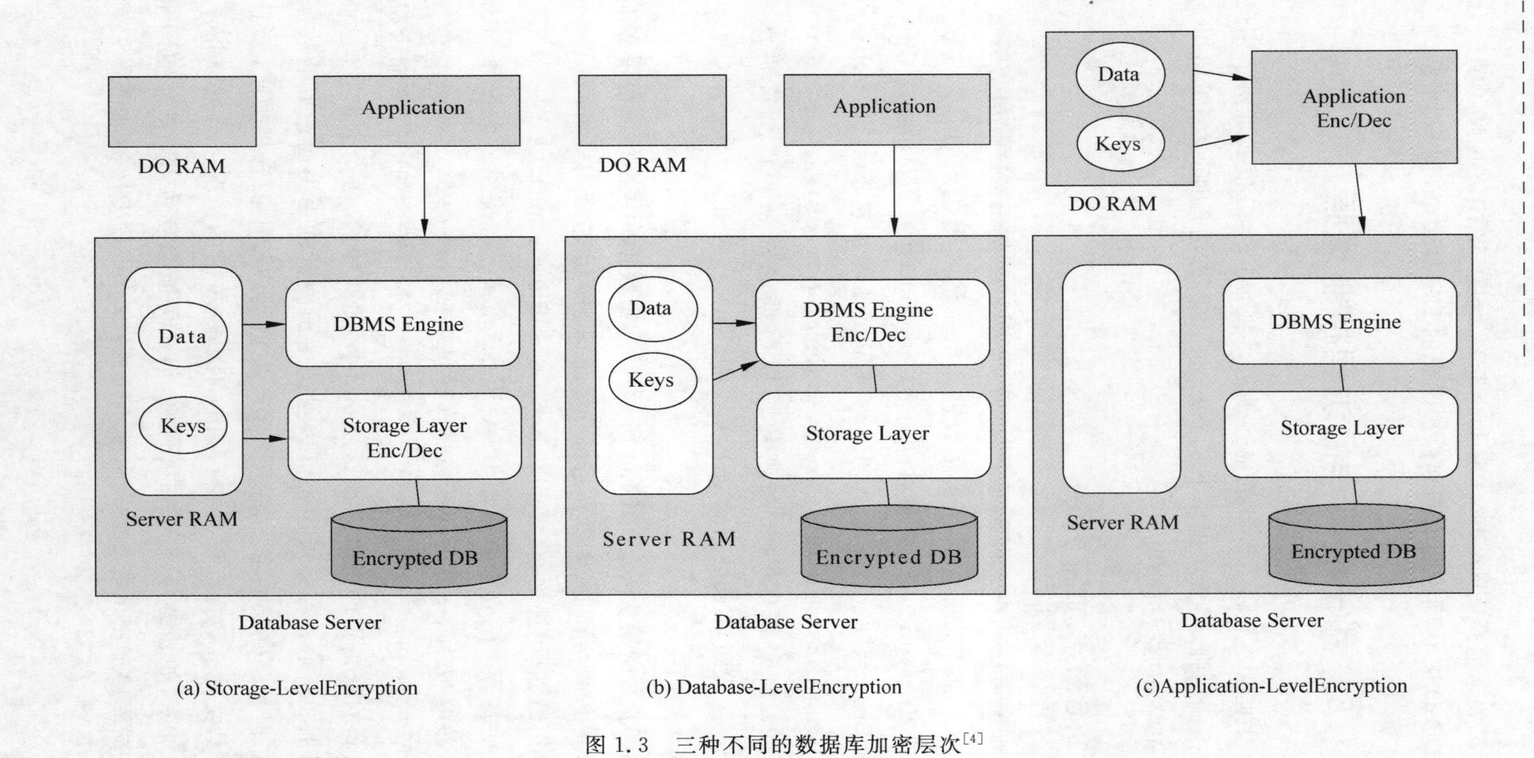

图 1.3　三种不同的数据库加密层次[4]

顺序的加密(Order Preserving Encryption)[8]。应用层加密可以提供更加细粒度的访问控制,但是需要修改具体的应用程序,因为加密的索引、存储过程等数据库功能可能不再可用。为了在保证数据隐私的同时提高数据库的可用性,文献[6]、[17]则描述了如何有效均衡加密和授权访问。

1.6.2 访问控制策略

访问控制策略(Access Control Policy,ACP)是指一个主体(Subject)是否具有对一个客体(Object)执行行为(Action)的权限。主体是指可以操作客体的用户、用户进程或系统进程。客体是指访问的内容如目录、文件、屏幕、键盘、内存、存储等,本文中主要是指数据库数据和加密密钥。行为是指读、写、执行等操作。访问控制策略主要包括三类:强制访问控制(Mandatory Access Control,MAC)、自主访问控制(Discretionary Access Control,DAC)和基于角色的访问控制(Role-base Access Control,RBAC)。

(1) 强制访问控制。多层次安全模型如 Bell-LaPadula[26] 通过分配安全标签(Secure Label)给主体和客体以避免信息泄漏和限定跨层次的数据安全访问,适合于军事和金融领域,因为这些领域攻击风险高,对机密性要求高,信息的流动需要严格控制,缺点是具有太严格的限制,如需要操作系统的大部分组件是可信的,并需要应用重写以满足安全标签控制需求。

(2)自主访问控制。主体可以自主地决定他们拥有客体的访问权限并转授给其他主体,如矩阵模型,可以实现细粒度的访问控制授权和对象层次的许可模型。主要通过访问控制列表(Access Control List,ACL)和能力列表(Capability List,CL)实现,缺点是具有负面效应,易遭受特洛伊木马攻击,系统维护和安全主体认证困难。

(3) 基于角色的访问控制。弥补了 DAC 和 MAC 的缺点,适用于商业和政府安全需要,更加符合实际的授权需要先完整性,后机密性。主要特色就是授权给角色而不是个体用户,而且用户不允许将授权给角色的许可转授给其他用户。RBAC 支持最小权限、职责分离、角色和访问控制集中管理，MAC不支持最小权限和职责分离，支持可信组件的松散集中管理，DAC则不支持任何其中一种。缺点是不支持序列化的操作的授权许可。关于访问控制策略概念这里不再详细描述，可参考相关文献[24-26]。

1.6.3 访问控制策略和加密机制融合

访问控制策略和加密机制融合主要包括三个方面：基于不同类型策略的融合、密钥分发策略、密钥安全存储。

① 基于不同类型策略的融合，如基于DAC策略加密、基于角色的访问控制策略加密等；

② 密钥分发策略，如基于属性的密钥分发、基于策略的密钥分发等，密钥分发是实现基于密文数据库访问控制的关键，因为获得密钥意味着具有解密密文数据的权限，因此密钥分发策略需要保证密钥只能分发给具有授权访问权限的用户；

③ 密钥安全存储，密钥的安全存储至关重要，一个简单的方法就是将密钥存储在一个受限制的数据库表或文件中，并由主密钥加密（主密钥则以某种安全的方式存储在数据库服务器上），但是存在的问题就是，具有访问特权的管理者如DSP可以访问所有这些密钥，并在系统内毫无察觉地解密。如图1.4所示给出了两种基于数据库加密层次的密钥安全存储：基于硬件安全模块（Hardware Security Module，HSM）和基于安全服务器方法（Security Server Approach，SSA）。

文献[20]、[21]融合不同加密机制实现密文数据库的外包应用，通过在应用层设计访问控制策略，为不同的字段引入Onion加密策略，一方面实现了细粒度的访问控制，另一方面实现了密文数据库上的不同查询，如范围查询、字符串匹配查询、连接查询、相等查询等。文献[4]指出如图1.4所示的Keys安全存储方式容易遭受内存泄漏攻击，因此提出了两种相应的解决方法：Server-HSM和Client-HSM方法，如图1.5所示。将数据的加解密操作以及访问控制集中在一个防篡改的安全硬件模块中，即HSM负责访问控制、加解密、用户和用户权限管理，具体参考文献[4]。

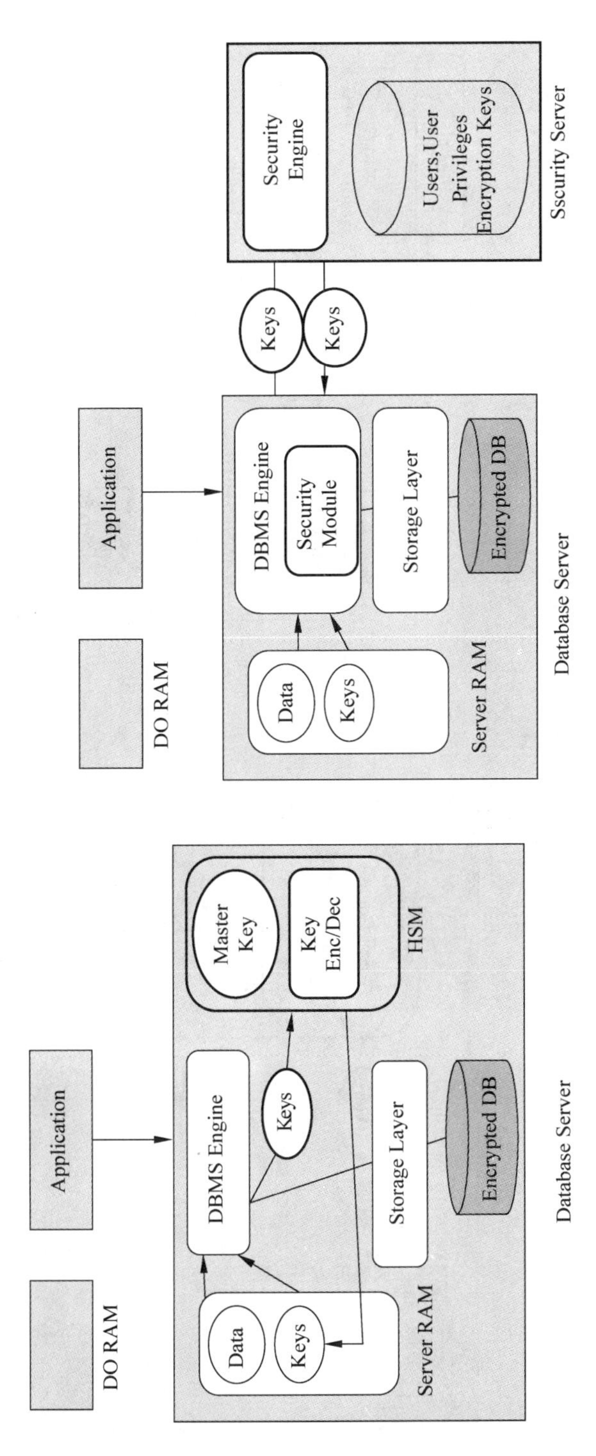
DO RAM
Application
DBMS Engine
Keys
Storage Layer
Encrypted DB
Data
Keys
Server RAM
Master Key
Key Enc/Dec
HSM
Database Server
(a) Hardware Security Module(HSM) Approach
DO RAM
Application
DBMS Engine
Security Module
Storage Layer
Encrypted DB
Data
Keys
Server RAM
Database Server
Keys
Keys
Security Engine
Users,User Privileges Encryption Keys
Sscurity Server
(b) Security Server Approach

图 1.4 密钥管理方法[4]

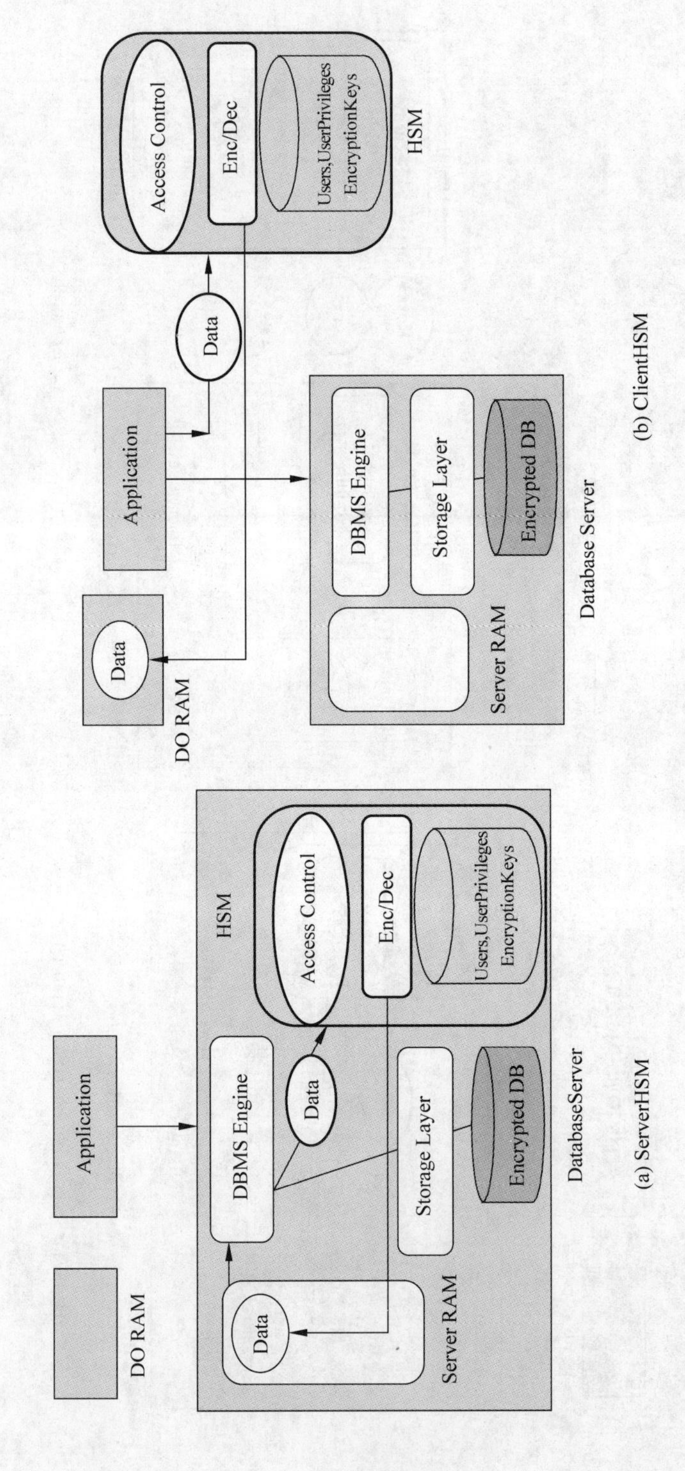

图 1.5 基于硬件安全模块的安全[4]

1.7 本文研究重点

在 DaaS 模式中，DSP 是 Curious-but-Honest 的，因此本文主要研究加密机制和访问控制策略的融合方法，并集中研究 DO-DSP 访问控制增强和保护隐私的 DO-DSP 访问控制增强。接下来分别研究基于属性加密的访问控制增强（第 2 章）、基于谓词加密的访问控制增强（第 3 章）、基于代理加密的访问控制增强（第 4 章）和基于密码提交协议的访问控制增强（第 5 章）。

参考文献

[1] Hacigümüs Hakan, Iyer Bala, Mehrotra Sharad. Providing Database as a Service. Proceedings of 18th International Conference on Data Engineering (ICDE), San Jose, CA, USA, February 2002: 29-39.

[2] 田秀霞，王晓玲，周傲英. 数据库服务——安全与隐私保护. 软件学报，2010，21(5)：991-1006.

[3] 田秀霞. 数据库服务中保护隐私的访问控制与查询处理. http://xuewen.cnki.net/ArticleCatalog.aspx? filename=1011184265.nh&dbtype=CDFD&dbname=CDFD0911.

[4] Bouganim Luc, Guo Yanli. Database Encryption. http://www smis.inria.fr/~bouganim/Publis/BOUGA_B6_ENC_CRYPT_2009.pdf.

[5] Agrawal Rakesh, Kiernan Jerry, Srikant Ramakrishnan, et al. Hippocratic Databases, Proceedings of the 28th international conference on Very Large Data Bases (VLDB), Hong Kong, China, August 2002: 143-154.

[6] Damiani Ernesto, Vimercati S De Capitani, Jajodia Sushil, et al. Balancing Confidentiality and Efficiency in Untrusted Relational DBMS, Proceedings of the 10th ACM conference on Computer and Communications Security, Washington, DC, USA, October 2003: 93-102.

[7] Mattsson Ulf, Protegrity CTO. Transparent Encryption and Separation of Duties for Enterprise Databases: A Practical Implementation for Field Level Privacy in Databases. Proceedings of the 7th IEEE International Conference on E-Commerce Technology, July 2005: 559-565.

[8] Agrawal Rakesh, Kiernan Jerry, Srikant Ramakrishnan, et al. Order Preserving Encryption for Numeric Data. Proceedings of the 2004 ACM SIGMOD interna-

tional conference on Management of data, Paris, France, June 2004:563-574.

[9] Sung Hsueh. Database Encryption in SQL Server 2008 Enterprise Edition, SQL Server Technical Article, 2008. http://msdn. microsoft. com/enus/library/cc278098. aspx.

[10] Oracle Corporation. Delivering Database as a Service (DBaaS) using Oracle Enterprise Manager 12c. White Paper, October 2013.

[11] Oracle Corporation. Oracle Advanced Security Transparent Data Encryption. Best Practices, White Paper, 2009.

[12] RSA Security company. Securing Data at Rest: Developing a Database Encryption Strategy, Whiter Paper, 2002.

[13] Safenet. Database Encryption. http://www. safenetinc. com/products/database_encryption/index. asp, 2009.

[14] Sybase Inc, Sybase Adaptive Server Enterprise Encryption Option: Protecting Sensitive Data, 2008. http://www. sybase. com.

[15] IBM corporation, IBM Database Encryption Expert: Securing data in DB2, 2007.

[16] Boldyreva Alexandra, Chenette Nathan, Lee Younho, et al. Order Preserving Symmetric Encryption. In Proceedings of the 28th Annual International Conference on the Theory and Applications of Cryptographic Techniques (EUROCRYPT), Cologne, Germany, April 2009.

[17] Ciriani Valentina, Di Vimercati Sabrina De Capitani, Foresti Sara, et al. Keep a few: Outsourcing data while maintaining confidentiality. In Proceedings of the 14th European Symposium on Research in Computer Security, Saint-Malo, France, September 2009.

[18] Curino Carlo, Jones Evan P. C., Popa Raluca Ada, et al. Relational Cloud: A Database-as-a-Service for the Cloud. Proceedings of the 5th Biennial Conference on Innovative Data Systems Research, Pacific Grove, CA, January 2011:235-241.

[19] Evdokimov Sergei, Günther Oliver. Encryption Techniques for Secure Database Outsourcing. Cryptology ePrint Archive, Report 2007/335.

[20] Popa Raluca Ada, Zeldovich Nickolai, and Balakrishnan Hari. CryptDB: A practical encrypted relational DBMS. Technical Report MITCSAIL-TR-2011-005, MIT Computer Science and Artificial Intelligence Laboratory, Cambridge, MA, January 2011.

[21] R A Popa, C M S Redfield, N Zeldovich, et al. CryptDB Web site. http://css. csail. mit. edu/cryptdb/.

[22] 云数据库. http://en. wikipedia. org/wiki/Cloud_database.

[23] 比特网安全(ChinaByte). http://sec. chinabyte. com/264/12995264. shtml.

[24] Lampson Butler W. Protection. ACM SIGOPS Operating System Review, 1974, 8(1):18-24.

[25] Bell D, LaPadula L. Secure computer system: Unified exposition and multics in-

terpretation. TRM74-244, March 1976.

[26] Ferraiolo D, Kuhn R. Role-Based Access Control. 15th National Computer Security Conference, 1992: 554-563.

[27] Mykletun E, Narasimha M, Tsudik G. Authentication and integrity in outsourced databases. ACM Transactions on Storage, Association for Computing Machinery, 2006, 2(2): 107-138.

第2章

基于属性加密的访问控制增强

在许多访问控制系统中，数据的每一部分可以由不同的消费者用户合法访问。这种系统典型的实现就是部署一个可信的服务器以明文形式存储所有数据。消费者用户可以登录服务器，并由服务器决定消费者用户被许可访问的数据。但是这样的部署并不适合数据库服务场景，因为一旦服务器被妥协，攻击者就可以看到所有以明文形式显示的敏感数据。但是简单地采用传统的公钥加密方案也是非常困难的，因为访问控制策略可能根据合法用户属性的特性描述，而不是消费者用户的真实身份等，再有就是能够访问数据特定区块的授权消费者用户列表也是不能事先知道的。基于属性的加密（Attribute-Based Encryption，ABE）[1] 即为这样的应用场景，特别是基于属性的访问授权，提供了更好的表达性和可控性。

2.1 基于属性的加密机制

Shamir[3] 于 1984 年首次提出了基于身份的加密和签名方案，但是并没有给出加密机制的实现，直到 2001 年 Boneh 等人[4] 采用双线性对技术实现了基于身份的加密（Identity-Based Encryption，IBE）机制，直接将用户的身份作为公钥，使得信息发送方无须在线查询接收用户的公钥证书，即可使用接收用户的公钥加密传输的信息。在 IBE 的基础上，Sahai 和 Waters[1]于2005年提出了基于属性的加密(Attribute-Based Encryption，ABE)机制，实现基于属性的信息加密和解密操作，属性可以是任何代表用户身份的字符串。基于属性的加密解决了传统基于公钥基础设施加密存在的一些问题：如广播加密[5]由于提前获取用户身份列表造成的隐私泄漏问题，分布式访问控制部署更加容易和高效[23,24]，接收者不需要和发送者交互就可以根据自己的授权属性访问密文信息。

【定义1：基于属性的加密机制】 基于属性的加密机制(Attribute-Based Encryption，ABE)属于公钥加密机制，不同于传统的基于公钥基础设施(Public Key Infrastructure，PKI)的公钥加密机制，公钥不再是需要和公钥证书绑定的随机数字，而是代表用户特定身份信息的字符串，如E-mail、身份属性等。主要包括4个基本算法：安装(Setup)、密钥生成(Extract)、加密(Encrypt)和解密(Decrypt)。

(1) 安装(Setup)：输入安全参数λ，生成系统公钥(Public Key，S-PK)和系统主密钥(Master Key，S-MK)，一般由可信机构执行。

(2) 密钥生成(Extract)：根据用户提交的属性集(身份信息的集合，即用户的公钥U-PK)，为用户生成相应的私钥(Private Key，U-SK)，一般由可信机构执行。

(3) 加密(Encrypt)：发送方(Sender)利用接收方(Receiver)的公钥RU-PK加密消息M，生成基于属性加密的密文C。

(4) 解密(Decrypt)：接收方利用自己的私钥RU-SK解密密文C，获得相应的明文消息M。

根据定义1，密文C和用户密钥U-SK都与用户属性相关，ABE机制支持基于属性的门限策略，如文献[1]中基于秘密共享的门限策略，即只有用户属性集与密文属性集重叠数量达到系统规定的门限参数时才能解密[1]。基于ABE概念[1]，Goyal等[2]引入了ABE的两个变形：密钥-策略基于属性的加密(Key-Policy ABE，KP-ABE)和密文-策略基于属性的加密(Ciphertext-Policy ABE，CP-ABE)，不过文献[2]只是给出了KP-ABE方案的构造，CP-ABE机制则是由Bethencourt等[8]首先构造实现的。

(1) KP-ABE：加密者用一系列属性(身份属性)标签化每一个密文，对应的密钥和一个基于属性的访问结构关联，控制具有哪些属性的用户解密密文,由解密者决定访问控制策略[2],适用于用户具有选择控制权的Subscribe应用。

(2) CP-ABE：加密者用基于属性的访问控制结构标签化每一个密文,对应的密钥和一系列属性关联,只有当用户的属性满足和密文关联的访问控制结构时才能解密一个密文。该方法更接近于传统的访问控制方法,加密者决定解密数据的访问控制策略[8,9]。因此2.3节主要描述基于CP-ABE的访问控制增强,适用于采用DaaS部署的应用系统,如社交网络、第三方存储、在线医疗等。

2.2 密码学基础和数学难题

大多数密码学方案的建立,都基于一定的数学基础和数学难题(NP难问题),如RSA基于大整数因子分解难题,DSA基于离散对数难题。

1. 双线性对

遵循文献[7～9]中部分符号定义,假设 G_1 和 G_2 是两个次数为 p 的乘法循环群。如果 g 是 G_1 的一个生成元,e 是一个对称的双线性对 $e:G_1\times G_1\rightarrow G_2$,满足下列特性。

(1) 双线性对(Bilinearity)：对所有的元素 $u,v\in G_1$ 和 $a,b\in Z_q^*$,下列等式成立：

$$e(u^a,v^b)=e(u,v)^{ab}=e(u^b,v^a)$$

$$e(u_1+u_2,v)=e(u_1,v)e(u_2,v)$$

(2) 非退化性(Non-degeneracy)：存在 $u,v\in G_1$,如果 $e(u^a,v^b)=1_{G_2}$,那么 $u\in G_1$,$v=O$,如果 g 是 G_1 的生成元,那么 $e(g,g)$ 是 G_2 的生成元。

(3) 可计算性(Computability)：G 上的群操作以及双线性对 $e:G_1\times G_1\rightarrow G_1$ 是计算有效的。

2. 数学难题

基于双线性对的密码学方案也存在相应的数学难题,如以下部分难题描述。

(1) 可计算的 Diffie-Hellman 问题(CDH Problem,CDHP)：随机选择 $a,b\in Z_q^*$,已知(g,g^a,g^b),计算 g^{ab}是不可能的。

(2) 可决定的 Bilinear Diffie-Hellman 问题(DBDH Problem,DBDHP)：随机选取 $a,b,c\in Z_q^*$,$R\in G_2$,已知(g,g^a,g^b,g^c,R),判断 $e(g,g)^{abc}=R$是困难的。

(3) 可决定的线性问题(D-Linear Problem,DLP)：选择阶为 p 的群 G_1,假设 g,f,v 是群 G_1 的三个生成元,随机选取 $a,b\in Z_q^*$,$R\in G_2$,已知(g,f,v,g^a,g^b,R),计算$(v^{a+b}=R)$是困难的。

还存在一些和研究问题相关的特定难题在这里不再一一列出,如 q-决定性的多指数 Diffie-Hellman 问题[25]。

2.3　基于 CP-ABE 的访问控制增强

基于 CP-ABE 的访问控制增强框架如图 2.1 所示。DO 首先利用 Enc/Dec 模块加密源数据库(Source Database,DB)中的数据表(Data Table),加密元组 t_i 的密钥 e_i 采用基于属性的访问控制结构(Access Structure)加密并作为密文标签,以有效支持基于属性的访问控制策略。最后 DO 将相应的加密数据表(Encrypted Table)和访问控制策略 ACP 委托给 DSP,以代表 DO 利益进行加密数据库(Encrypted Database,EDB)上细粒度的访问控制。可信授权中心(Trusted Authorization Center)用来生成系统公钥、主密钥、用户属性密钥以及用户身份认证。下面分别从三个方面描述基于 CP-ABE 的访问控制增强：数据库加密,访问控制策略以及访问控制策略和加密机制融合(密钥分发策略)。

2.3.1　CP-ABE 机制[8,9]

和基于属性的加密类似,主要包括 4 个多项式算法：安装(Setup)、密钥生成(Extract)、加密(Encrypt)和解密(Decrypt)。

(1) 安装(setup$(\lambda,U)\to$(S-PK,S-MK))：输入安全参数 λ 和属性空间 U,生成系统公钥 S-PK 和系统主密钥 S-MK,一般由可信机构执行。

(2) 密钥生成(KeyGen(S-MK,S-PK,S)$\to$U-SK)：根据用户提交的属

性集合 S(身份信息集合)、系统公钥 S-PK 和系统主密钥 S-MK,为用户生成相应的私钥 U-SK,一般由可信机构执行。

(3) 加密(Encrypt(S-PK,m,A)→CT):发送方(Sender)根据系统公钥 S-PK、消息 m 和基于属性空间 U 的访问控制结构 A,生成基于属性加密的密文 CT,该密文只能被拥有满足访问控制结构 A 属性的用户解密,也就是说,A 被隐含地包括在密文 CT 中。

(4) 解密(Decrypt(S-PK,CT,U-SK)→m):接收方利用自己的私钥 U-SK、系统公钥 S-PK 和密文 CT,如果密钥中的属性集合 S 满足访问控制结构 A,解密算法获得相应的明文消息 m。

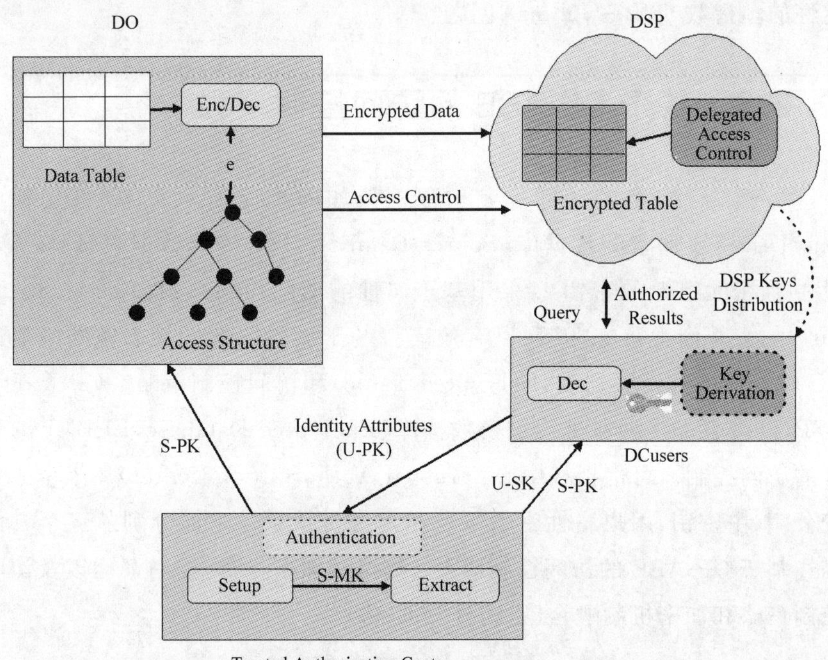

图 2.1 基于 CP-ABE 的访问控制增强

2.3.2 数据库加密

这里主要采用行加密(即元组加密)的方式实现数据库加密。根据密码学实践可知,当加密大量数据时,采用公钥加密的实现效率要比对称加密低 6～10 倍，因此采用对称加密方法 AES 的 CBC 工作模式加密每个元组 t_i，选择的相应密钥为 e_i。另外，为便于查询，假设每个元组具有唯一的索引 Ind_i，它和元组本身的内容无关，可以是自动生成的编号。假设源数据库 DB 由一系列表 table_j 组成，即：

$$\text{DB} = \{\text{table}_1, \text{table}_2, \text{table}_j, \cdots, \text{table}_M\}, \quad 1 \leqslant j \leqslant M$$

M 表示数据库中表的个数，假设 t_i 是第 i 个元组，l 表示表 table_j 中除索引字段 Ind 属性的个数，那么表 table_j 可以表示如下：

$$\text{table}_j = \{\text{Ind}_i, t_i\}, \quad t_i = \{t_{i1}, t_{i2}, \cdots, t_{il}\}, \quad 1 \leqslant i \leqslant N$$

N 表示表 table_j 中元组的个数，如图 2.2 所示，表示 Patient 表的加密过程，其中索引字段 Ind_i 保持明文形式，采用行加密的形式加密整个元组 t_i 为加密元组 et_i，即

$$\text{Enc}(t_i, e_i) \rightarrow \text{et}_i$$

如元组 t_1＝{1,Jie Zhang,20130123,Meu Li,…,Flu}加密后 et_1 为：

$$\text{Enc}(t_1, e_1) \rightarrow (\text{et}_i = \text{tsdy767d6wjhds})$$

因此，表 table_j 对应的加密表 etable_j 可表示为如下形式，其中，et_i 的具体表现形式取决于采用的加密方式（行加密、字段加密）。

$$\text{etable}_j = \{\text{Ind}_i, \text{et}_i\}, \quad \text{et}_i = \{\text{et}_{i1}, \text{et}_{i2}, \cdots, \text{et}_{il}\}, \quad 1 \leqslant i \leqslant N$$

2.3.3 访问控制策略

对于访问控制策略的设计，在基于 CP-ABE 的加密方案中，主要在于访问结构的设计，当前表示访问控制策略的访问结构主要包括三种："与"门、访问树和 LSSS 线性矩阵。

【定义 2：访问结构[27]】 假设 $P=\{P_1, P_2, \cdots, P_n\}$为访问策略中参与方的集合，满足下列条件的集合 $A \subseteq (2^P = 2^{\{P_1, P_2, \cdots, P_n\}})$，$A \neq \Phi$，是单调的：

$$\text{对于 } \forall B, C\text{，如果 } B \in A \text{ 并且 } B \subseteq C, \quad \text{那么 } C \in A$$

即一个访问结构（单调的访问结构）A 是$\{P_1, P_2, \cdots, P_n\}$的非空子集，属于 A 的子集称作授权集合，而不属于 A 的子集则称作非授权集合。

1. "与"门访问结构

Cheung 和 Newport[26]引入单一的"与"门表示访问控制策略，"与"门

Patient Table

Ind	Name	Patient Id	Doctor	…	Disease
1	Jie Zhang	20130123	Mei Li	…	Flu
2	Mary Doug	20147865	Dong Ma	…	Cancer
…	…	…	…	…	…
256	Tea Hu	20140912	Tony Bai	…	Cold

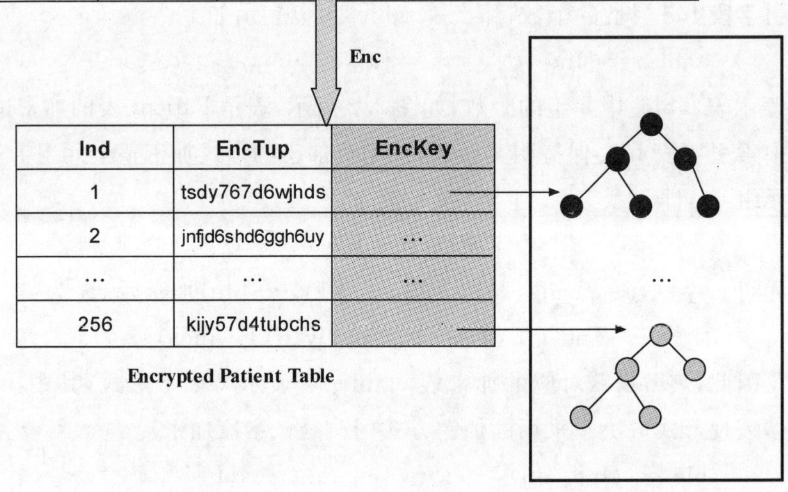

图 2.2　数据库加密实例(病人表)

的输入是原子。例如,假设$U=\{1,2,\cdots,n\}$表示属性的集合空间,属性a和相应的$\neg a$为原子属性,实际应用中属性a可以是用户的身份属性,如姓名、年龄、社会安全号码等。因此“与”门可以形式化为如下表示:

$$\text{"AND"} = \bigwedge\nolimits_{a\in I} \underline{a},\quad I \subseteq U, \underline{a} = a \text{ 或 } \underline{a} = \neg a$$

不出现在属性集合I中的属性可以采用无关紧要的符号如“*”号表示。为了体现这三种属性策略,在文献[26]设置的系统公钥中存在三部分参数,分别对应“与”门中的三类属性:“正”属性、“非”属性和“无关紧要”属性。

在文献[10]提出方案的基础上,一系列改进方案被提出,Nishide[18]基于DBDHP和DLP难题,提出了隐藏策略的、抗串谋攻击的CP-ABE方案,与门中的每项不仅可以是原子项,也可以是候选属性集合的一个子集。Emura等[16]则基于DBDHP假设,首次提出了密文长度不变的CP-ABE方案，进一步提高了算法执行效率。

2. 访问树访问结构

根据文献[2]、[9]，访问树具有的基本特点是：①树的每个内部节点是一个门限门，如用(n,n)表示“与”门，用(t,n)表示或门，$t<n$ 等；②叶子节点和属性关联。

【定义 3：访问树 T[7]】 如图 2.3 所示，T 是一个访问树，每个非叶子节点(内部节点)为一个门限门，由其孩子节点和门限阈值表示。假设 n_x 是节点 x 的孩子数目，k_x 是相应的门限值，$0<k_x\leqslant n_x$，当 $k_x=1$ 时，门限门就是一个“或”门，当 $k_x=n_x$ 时，门限门就是一个“与”门。如果节点 x 是叶子节点，由两部分表示，一个是属性，一个是门限值 $n_x=1$。为了使得符号更容易理解，图 2.3 中的函数遵循文献[15]中的符号表示：

(1) 函数 parent(x)表示节点 x 的父亲节点，如图 2.3 中 parent$(x)=$ root；

(2) 函数 attr(x)表示相应于叶子节点 x 的属性，如叶子节点 Doctor 和 Nurse；

(3) 访问树中每个节点 x 的孩子被分配一个索引编号，编号的范围从左到右依次编号为 $1,2,\cdots,n_x$，k_x 是节点 x 的门限值。

文献[2]首先给出了 CP-ABE 构造，并采用如图 2.3 所示的树结构表示灵活的访问控制策略，不过其安全证明基于通用的群模型。之后 Goyal 等[29]提出了具有特定大小的访问树，提供了一种将 KP-ABE 转换为 CP-ABE 的方法，支持任何限定多项式大小的访问公式(包括与、或和门限操作)。Liang 等[28]进一步在文献[29]的基础上，缩短了系统公钥、用户私钥和密文的长度，提高了加/解密算法的效率，尤其是在树的叶子节点高度不整齐时，执行效率更为明显[6]。Ibraimi 等[19]则提出了一种新颖的 CP-ABE 机制实现支持属性的与、或和门限操作，其中访问结构由与、或节点组成的 L 叉树$(L>1)$表示。由于密钥共享机制不支持属性上的“非”操作，Ostrovsky 等[15]采用文献[35]的广播撤销机制实现了支持“非”属性的 KP-ABE 机制，策略表示更加灵活。

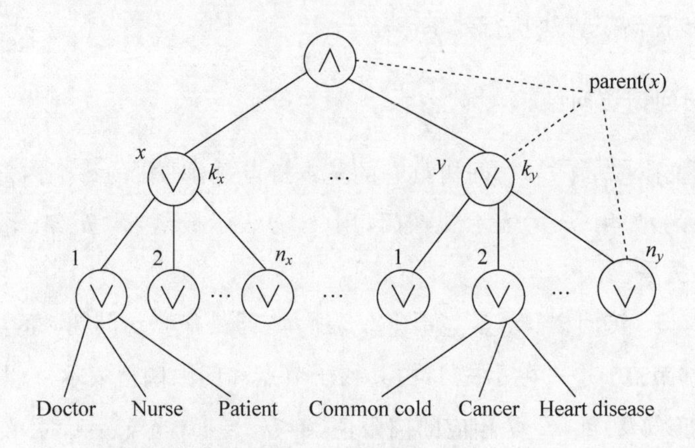

图 2.3 访问树结构[7]

3. LSSS 线性矩阵访问结构

【定义 4：Linear Secret-Sharing Schemes（LSSS）[9,27]】 一个基于参与方集合 P 的秘密共享方案 n 被称作 Z_p 上线性的，如果满足如下三个条件：

(1) 每个参与方 P_i 的 shares$=\{s_1,s_2,\cdots,s_{P_n}\}$形成了 Z_p 上的一个向量。

(2) 存在一个 share 生成矩阵 $A\in Z_p^{l\times n}$，具有 l 行 n 列。矩阵 A 的第 i^{th} 行用 $\rho(i)\in P$，$\forall i\in[l]$标签化，$[l]=\{1,2,\cdots,l\}$，即 ρ 是一个从$[l]=\{1,2,\cdots,l\}$到 P 的函数。对于列向量 $v=(s,r_2,\cdots,r_n)$，$s\in Z_p$ 是需要共享的 share，$r_2,\cdots,r_n\in Z_p$ 被随机选择，那么 Av 是根据共享方案 n 的共享密钥 s 的 l 个 shares 的向量，$(\mathrm{Av})_i$ 属于参与方 $\rho(i)$。

(3) 假设方案 π 是实现访问结构 A 的 LSSS，如果 $S\in A$ 是一个授权集合，定义 $I\subset\{1,2,\cdots,l\}$的值为 $I=\{i:\rho(i)\in S\}$，存在一些常量$\{\omega_i\in Z_p\}_{i\in I}$使得对秘密 s 的任何有效的 shares，$\{\lambda_i\}$，等式 $\sum_{i\in I}\omega_i\lambda_i=s$ 成立。$\{\omega_i\}$对授权集合是存在的，对非授权集合是不存在的。

【定义 5：Monetone Span Program（MSP）[30]】 一个 MSP，M 是一个四元组(F,M,ε,ρ)，其中 F 是一个域，M 是建立在 F 上的具有 m 行 $d(<m)$

列的矩阵，ρ：$\{1,2,\cdots,m\}\to\{1,2,\cdots,n\}$是一个满射函数，行向量 $\varepsilon=(1,0,\cdots,0)\in F^d$ 称作目标向量。M 的大小是行的数目 m，表示为(M)。

ρ_i 用来标签化 M 的第 i^{th}行，给一个参与方 $P_{\rho(i)}$，每个参与方可以看作是一个或多个行的所有者（在这里就是属性的所有者，即一个用户可以拥有多个属性）。对任何参与方的集合 $G\subseteq P$，G 中参与方拥有的子矩阵表示为 M_G。一个矩阵 M 的 span 表示为 span(M)，是由 M 的行生成的子空间，也就是形式为 sM 的所有向量。

一个 MSP 可以说能够实现一个访问控制结构 A，如果 $G\subseteq A$，当且仅当 $\varepsilon\in$ span(M_G)。

单调的访问结构 P 可以通过 LSSS 实现，文献[24,29,31]中访问控制策略就是通过 Monotone Access Structure（MSP）[30,24] 推导出的 LSSS 实现，其中 LSSS 的定义以及相关概念参考文献[27]。例如，一个 Z_p 上的标签化的矩阵$\hat{A}=(A,\rho)$，p 是一个和安全有关的足够大的素数。文献[24]提出的算法可以将布尔公式（Boolean Formula）转换成 LSSS 矩阵，不过当访问树中存在门限门时，LSSS 矩阵中的行变得非常大，导致转换效率不高。文献[28]中给出了一个效率较高的转换方法，将转换过程放在解密算法（Decrypt）中实现，而在密文中只需要附加格式化的布尔公式即可，这样大大减少了通信过程中需要传输的密文信息量。Lewko 等人[31]采用双系统加密机制[32,33]，访问结构采取 LSSS 矩阵，支持任何单调的布尔公式表示策略，先构造一次使用 CP-ABE 机制，规定公式中每个属性只能使用一次，然后将一次使用 CP-ABE 机制转换为属性多次使用的 ABE 机制。

2.3.4　加密机制和访问控制策略融合（密钥分发机制）

根据 2.3.1 节数据库加密知道，密钥 e_i 需要根据 DO 的访问控制策略进行分发与控制，主要存在三种方案：

① DO 访问控制增强，DO 根据自己的访问控制策略负责密钥 e_i 的分发。

② DSP 访问控制增强，DSP 根据 DO 的访问控制策略进行密钥 e_i 的分发。

③ DO-DSP 访问控制增强，DO 和 DSP 联合实现保护用户身份和加密密钥的访问控制。由于采用第一种密钥分发方案会导致 DO 成为通信瓶颈，使得 DaaS 平台优势不能得到充分利用，如云计算平台的高性能计算服务能力，因此接下来主要讨论第二种密钥分发机制，即 DSP 根据 DO 的访问控制策略负责密钥 e_i 的分发（这里假设 DSP 按照合作协议诚实地执行访问控制）。

如图 2.2 所示，DO 选择一定的访问控制结构如 2.3.3 节的访问树结构，采用 CP-ABE 机制加密数据密钥 e_i，结果作为密文元组 et_i 的附加数据项（标签）委托给 DSP，如图 2.2 中 Encrypted Patient 表中 EncKey 字段所示。为了实现存储有效性，EncKey 字段可以采用 BLOB 类型实现，只是存储指针，并由指针指向实际的密钥访问控制结构。然而，简单采用这种方法会导致用户的私钥泄漏，因为用户必须把自己的身份属性或根据身份属性生成的用户私钥 U-SK 发送给 DSP，以便于 DSP 进行细粒度的访问控制和相应的密钥分发。因此不同于只有发送者和接收者的双方交互场景，在 DaaS 场景中，DO 需要委托相应的访问控制给 DSP，如图 2.4 所示，主要包括以下过程。

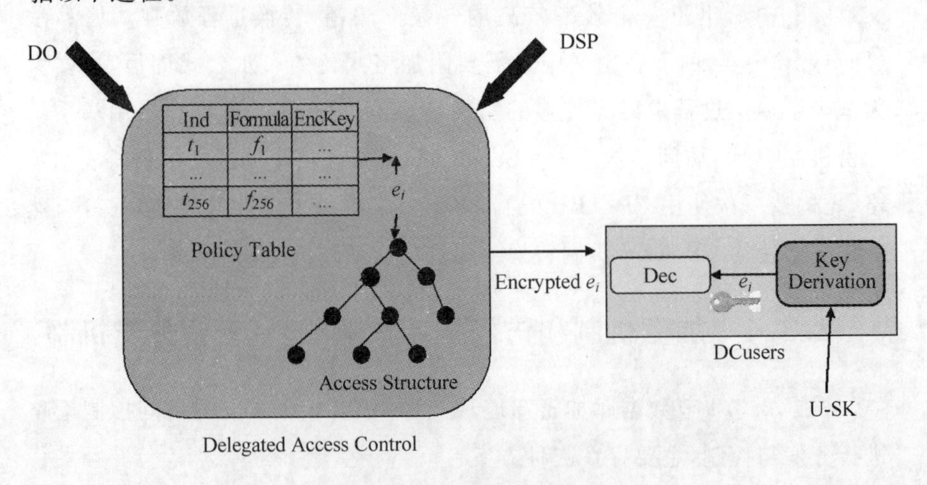

图 2.4　委托的访问控制

(1) DO 生成一个策略表（Policy Table），根据 DO 的访问控制策略生成，如至少包括三个必要字段：记录标识、策略布尔公式和基于 CP-ABE 加密的数据密钥密文（同加密数据表中一样，可以是指针，引用同一个访问控制结构存储位置)。DO 将委托的访问控制(Delegated Access Control)部分委托给 DSP 管理和维护,这样 DSP 可以根据策略表 Formula 字段中的布尔公式,进行细粒度的访问控制,当布尔策略公式为真时,返回相应的基于 CP-ABE 加密的数据密钥密文(Encrypted e_i)给请求用户 DCusers。

(2) 密钥推导工作发生在用户端 DCusers,可以有效避免 DO 委托的敏感数据泄漏,因为只有满足 DO 指定策略的接收用户才能执行 Decrypt 算法(图中显示 Key Derivation 部分),获得数据加密密钥 e_i。DSP 虽然能够知道用户提交的部分身份属性信息,但是他不能通过可信中心(TA)的认证以获取用户私钥 U-SK,因此不能通过 Decrypt 算法获得相应的 e_i。

为了进一步保护用户的身份隐私,文献[11]、[14]和[34]通过引入隐藏策略和隐藏证书的方式保护用户的身份属性信息。如在隐藏证书中,通过 Pederson 提交协议或加密方式保护公钥证书中用户的身份属性。文献[13]提出一个双策略 ABE 机制,有效融合了 CP-ABE 和 KP-ABE 具有的功能,允许在加密的数据上指定双重访问控制策略,一个策略基于和数据(密文)关联的客体属性建立,用来保护数据资源,另一个策略基于和用户证书关联的主体属性建立用来保护用户权限。

2.4 存在的挑战和研究展望

虽然采用 ABE 机制加密数据密钥使得执行密文数据上细粒度的访问控制成为可能,但是在 DaaS 场景中,由于 DSP 是 Honest-but-Curious 的,依然存在如下一系列研究挑战。

(1) 融合传统访问控制策略的 CP-ABE 访问结构设计困难。虽然基于 CP-ABE 可以有效支持 DO 对委托给 DSP 管理数据的可控性,但是在 CP-ABE 中,系统公钥由授权机构生成,访问结构由 DO 设计,密文的解密由授权机构和 DO 共同控制,因此访问结构的复杂性导致系统公钥设计的复杂性,同时存在将任何一个表达策略的布尔公式转化为相应的访问结构如访问树、LSSS 矩阵的困难。

(2) 支持灵活策略的 KP-ABE 过度依赖授权中心(TA)。虽然基于 KP-ABE 可以有效支持灵活的访问控制策略,但是不适合应用在 DaaS 场景中,因为KP-ABE过度依赖授权中心,如KP-ABE的系统公钥以及与访问结构相对应的用户私钥都由授权机构生成,密文的解密只由授权机构控制。一旦授权中心妥协,导致大量的关键用户隐私信息,特别是根据用户属性生成私钥的泄漏,将导致基于属性密钥的滥用。

(3) 密文长度因为基于ABE加密机制的引入增加通信消耗。DO将基于ABE加密的数据密钥标签化数据密文,以控制对数据密文的细粒度访问。因此密文的大小和采用的访问结构有关,如采用LSSS访问结构使得密文大小与LSSS矩阵A(行的数目)成正比,标签化的矩阵(A,ρ)使得通信开销急剧增加。

(4) 用户身份隐私泄漏。DSP可以根据DO委托的基于ABE机制的访问结构控制用户对相应密文数据的细粒度访问,但是为了判断用户是否满足相应的访问策略,用户的身份(属性集合)会泄漏给DSP,可以结合其他机制如Oblivious证书实现用户身份隐私保护[20,34]。

(5) 灵活的属性密钥撤销困难。系统的动态变化,如整个用户撤销、部分属性撤销等经常引起属性失效或从属关系变更(如角色转换)。撤销用户也就意味着撤销该用户的密钥,同时不影响未撤销用户的密钥,撤销用户的某个属性,同时不影响具备该属性其他用户的权限等。在基于ABE的机制中,属性与用户的多对多关系增加了属性密钥撤销机制的实现难度,基于属性撤销机制的相关研究可以参考文献[6]、[25]。

(6) 基于层次的授权中心和多授权中心。授权机构之间存在层次架构[12,21,22,33]关系和多个对等点[17]关系,如国家级授权中心、省级授权中心、市级授权中心之间的层次关系,车辆管理中心、社会安全局、社区管理中心之间的对等关系。目前的研究主要集中于属性之间的层次关系,而没有进一步处理多个授权机构之间的层次关系。

参考文献

[1] Sahai A, Waters B. Fuzzy identity-based encryption. In: Cramer R, ed. Advances in Cryptology-EUROCRYPT 2005. Berlin, Heidelberg: Springer-Verlag, 2005. 457-473.

[2] Goyal V, Pandey O, Sahai A, et al. Attribute-Based encryption for fine-grained ac-

cess control of encrypted data. In: Proc. Of the 13th ACM Conf. on Computer and Communications Security. New York: ACM Press,2006: 89-98.

[3] Shamir A. Identity-Based cryptosystems and signature schemes. In: Blakley GR, Chaum D,eds. Advances in Cryptology-CRYPTO'84. Berlin, Heidelberg: Springer-Verlag,1984: 47-53.

[4] Boneh D,Franklin M. Identity-Based encryption from the weil pairing. In: Kilian J,ed. Advances in Cryptology-CRYPTO 2001. LNCS 2139, Berlin, Heidelberg: Springer-Verlag,2001: 213-229.

[5] Boneh D,Gentry C,Waters B. Collusion resistant broadcast encryption with short ciphertexts and private keys. In: Shoup V,ed. Advances in Crytology-CRYPTO 2005. Berlin,Heidelberg: Springer-Verlag,2005: 258-275.

[6] 苏金树,曹丹,王小峰,等.属性基加密机制.软件学报,2011,22(6):1299-1315.

[7] Tian Xiuxia,Huang Ling, Wang Yong,et al. DualAcE: fine-grained dual access control enforcement with multi-privacy guarantee in DaaS,2014. SCI,DOI: 10.1002/sec.1098.

[8] Bethencourt J,Sahai A,Waters B. Ciphertext-Policy attribute-based encryption. In: Proc. of the 2007 IEEE Symp. on Security and Privacy. Washington: IEEE Computer Society,2007:321-334.

[9] Waters B. Ciphertext-Policy attribute-based encryption: An expressive, efficient, and provably secure realization. http://eprint.iacr.org/2008/290.pdf .

[10] Chase M. Multi-Authority attribute based encryption. In: Proc. of the Theory of Cryptography Conf. (TCC). Berlin,Heidelberg:Springer-Verlag,2007:515-534.

[11] Kapadia A,Tsang PP,Smith SW. Attribute-Based publishing with hidden credentials and hidden policies. In: Proc. of the 14th Annual Network and Distributed System Security Symp. (NDSS 2007). USENIX Association,2007:179-192.

[12] Agrawal S,Boneh D,Boyen X. Efficient lattice (H) IBE in the standard model. In: Gilbert H,ed. Advances in Cryptology-EUROCRYPT 2010. Berlin, Heidelberg: Springer-Verlag,2010:553-572.

[13] Attrapadung N,Imai H. Dual-Policy attribute based encryption. In: Abdalla M, Pointcheval D,Fouque P A,Vergnaud D,eds. Proc. of the Applied Cryptography and Network Security. Berlin,Heidelberg: Springer-Verlag,2009:168-185.

[14] Yu SC,Ren K,Lou WJ. Attribute-Based content distribution with hidden policy. In: Proc. of the 4th Workshop on Secure Network Protocols (NPSec). Orlando: IEEE Computer Society,2008:39-44.

[15] Ostrovsky R,Sahai A,Waters B. Attribute-Based encryption with non-monotonic access structures. In: Proc. of the ACM Conf. on Computer and Communications Security. New York: ACM Press,2007:195-203.

[16] Emura K,Miyaji A,Nomura A,et al. A ciphertext-policy attribute-based encryption scheme with constant ciphertext length. In: Bao F,Li H,Wang G,eds. Proc.

of the Information Security Practice and Experience (ISPEC 2009). Berlin, Heidelberg: Springer-Verlag, 2009: 13-23.

[17] Lin H, Cao ZF, Liang X, et al. Secure threshold multi authority attribute based encryption without a central authority. In: Chowdhury DR, Rijmen V, Das A, eds. Proc. of the Cryptology in India-INDOCRYPT 2008. Berlin, Heidelberg: Springer-Verlag, 2008: 426-436.

[18] Nishide T, Yoneyama K, Ohta K. Attribute-Based encryption with partially hidden encryptor-specified access structures. In: Bellovin SM, Gennaro R, Keromytis A, Yung M, eds. Proc. of the Applied Cryptography and Network Security. Berlin, Heidelberg: Springer-Verlag, 2008: 111-129.

[19] Ibraimi L, Tang Q, Hartel P, et al. Efficient and provable secure ciphertext-policy attribute-based encryption schemes. In: Proc. of the Information Security Practice and Experience. Berlin, Heidelberg: Springer-Verlag, 2009: 1-12.

[20] Shang N, Paci F, Bertino E. Efficient and Privacy-Preserving Enforcement of Attribute-Based Access Control. In proc. of 9th Symposium on Identity and Trust on the internet, IDTrust 2010, April 13-15, NIST, Gaithersburg, 2010: 63-68.

[21] Wan Z, Liu J, Deng R H. HASBE: A hierarchical attribute-based solution for flexible and scalable access control in cloud computing. IEEE Transactions on Information Forencics and Security 2012, 7(2): 743-754.

[22] Liu J, Wan Z, Gu M. Hierarchical attribute-set based encryption for scalable, flexible and fine grained data access control in cloud computing. Information Security Practice and Experience 2011: 98-107.

[23] Yu S, Wang C, Ren K, et al. Achieving secure, scalable, and fine-grained data access control in cloud computing. In proc. of 29th International Conference on Computer Communications, INFORCOM 2010, March 15-19, San Diego, CA, USA, 2010: 1-9.

[24] Lewko A, Waters B. Decentralizing attribute-based encryption. Advances in Cryptology-EUROCRYPT, 2011: 568-588.

[25] Lewko A, Sahai A, Waters B. Revocation systems with very small private keys. In: Proc. of the IEEE Symp. on Security and Privacy. Washington: IEEE Computer Society, 2010: 273-285.

[26] Cheung L, Newport C. Provably secure ciphertext policy ABE. In: Proc. of the ACM Conf. on Computer and Communications Security. New York: ACM Press, 2007: 456-465.

[27] Beimel A. Secure Schemes for Secret Sharing and Key Distribution. PhD thesis, Israel Institute of Technology, Technion, Haifa, Israel, 1996.

[28] Liang XH, Cao ZF, Lin H, et al. Provably secure and efficient bounded ciphertext policy attribute based encryption. In: Proc. of the ASIAN ACM Symp. on Information, Computer and Communications Security (ASIACCS 2009). New York:

ACM Press,2009:343-352.

[29] Goyal V,Jain A,Pandey O,et al. Bounded ciphertext policy attribute based encryption. In: Aceto L,Damgård I,Goldberg LA,Halldórsson M M,Ingólfsdóttir A,Walukiewicz I,eds. Proc. of the ICALP 2008. Berlin,Heidelberg: Springer-Verlag,2008:579-591.

[30] Karchmer M,Wigderson A. On span programs. In: Structure in Complexity Theory Conference,1993:102-111.

[31] Lewko A B,Okamoto T,Sahai A,et al. Fully secure functional encryption: Attribute-based encryption and (hierarchical) inner product encryption. In: Gilbert, H. (ed.) EUROCRYPT. Lecture Notes in Computer Science,2010,6110:62.

[32] Waters B. Dual system encryption: Realizing fully secure ibe and hibe under simple assumptions. In: Halevi S,ed. Advances in Cryptology-CRYTO 2009. Berlin, Heidelberg: Springer-Verlag,2009:619-636.

[33] Lewko A,Waters B. New techniques for dual system encryption and fully secure hibe with short ciphertexts. In: Proc. of the 7th Theory of Cryptography Conf. (TCC 2010). Berlin,Heidelberg: Springer-Verlag,2010:455-479.

[34] Tian XiuXia,Wang XiaoLing,Zhou AoYing. A Privacy Preserving Selective Authorization Enforcement Approach in DaaS. IEEE International Workshop on Services Security & Privacy (SecurityPrivacy 2011),The 7th IEEE 2011 World Congress on Services(SERVICES 2011),Washington DC,USA,2011:363-370.

[35] Naor M,Pinkas B. Efficient trace and revoke schemes. In: Frankel Y,ed. Proc. of the Financial Cryptography. Berlin,Heidelberg:Springer-Verlag,2001:1-20.

第3章

基于谓词加密的访问控制增强

传统的公钥加密是粗粒度加密：一个发送者根据一个公钥加密信息 M 为密文 C，那么只有和公钥关联的私钥所有者才能解密 C，恢复 M。这种加密机制足以解决点对点信息通信安全访问控制问题，即机密的数据只发送给已知的接收者。然而在第三方提供外包管理服务的数据库服务场景中，数据库所有者可能想定义一个策略来决定谁可以恢复秘密数据。如分类的数据可能和特定的关键词关联，这些数据可以被允许阅读所有类信息的用户访问，也可以被允许阅读和特定关键词关联的用户访问。再如，医疗外包数据能被具有不同访问许可的医生、个人或疾病研究机构访问。在第三方服务提供者仅提供检索转发服务的应用中，邮件转发服务器只需要检测加密的邮件是否满足用户查询的邮件关键词，而不需要知道加密的邮件内容。谓词加密(Predicate Encryption)[6,9](也称作密文数据上的关键词搜索(Keyword Search on Encryption Data))作为一种新的密码学机制提供了密文数据上细粒度的访问控制，在某种程度上解决了外包数据库服务中，数据所有者控制其外包数据的细粒度的访问控制增强问题。

3.1 谓词加密

假设 Σ 表示一个任意的属性集合，P 表示集合 Σ 上一个任意的谓词集合(通常，Σ 和 P 依赖安全参数或主公共参数)。

【定义1：谓词加密方案[6,9]】 集合Σ上的谓词集合P对应的谓词加密方案包括4个多项式算法：安装(Setup)、密钥生成(GenKey)、加密(Enc)和解密(Dec)。

(1) 安装($\text{Setup}(1^k)\to(\text{PK},\text{SK})$)：输入安全参数$1^k$,输出公钥PK和私钥SK。

(2) 密钥生成($\text{KeyGen}(\text{SK},f)\to\text{SK}_f$)：输入私钥SK和一个谓词$f$,输出谓词$f$对应的谓词密钥$\text{SK}_f$。

(3) 加密($\text{Enc}(\text{PK},I,M)\to C$)：输入公钥PK,属性集合$I\in\Sigma$和消息空间中的一个消息$M$,输出密文$C$。

(4) 解密($\text{Dec}(\text{SK}_f,C)\to M$)或者$\text{Dec}(\text{SK}_f,C)\to\perp$：输入谓词密钥$\text{SK}_f$和密文$C$,输出消息$M$或不可区分的符号$\perp$。

正确性：要求对所有的安全参数k,安装算法$\text{Setup}(1^k)$生成的所有公钥和私钥对(PK,SK),所有谓词$f\in P$,所有的$I\in\Sigma$,任何谓词密钥$\text{KeyGen}(\text{SK},f)\to\text{SK}_f$,下面两条成立：

(1) 如果$f(I)=1$,那么$\text{Dec}(\text{SK}_f,\text{Enc}(\text{PK},I,M))\to M$

(2) 如果$f(I)=0$,那么$\text{Dec}(\text{SK}_f,\text{Enc}(\text{PK},I,M))\to\perp$以不可忽略的概率

【定义2：隐藏属性的谓词加密方案[6,9]】 集合Σ上谓词集合P对应的谓词加密方案是隐藏属性的,如果对所有的多项式攻击者A,A在安全参数k的下列实验中可忽略。

(1) $A(1^k)$：攻击者A在安全参数k下输出$I_0,I_1\in\Sigma$。

(2) 安装($\text{Setup}(1^k)\to(\text{PK},\text{SK})$)：输入安全参数$1^k$,输出公钥PK和私钥SK,攻击者$A$获得公钥PK。

(3) 攻击者A可以随机地请求谓词$f_1,f_2,\cdots,f_\ell\in F$对应的谓词密钥,不过对所有的$i$,需要满足约束$f_i(I_0)=f_i(I_1)$。作为响应,攻击者$A$接收到相应的谓词私钥$\text{SK}_{f_i}\leftarrow\text{GenKey}(\text{SK},f_i)$。

(4) 攻击者A输出两个等长的消息M_0,M_1。如果存在i,使得$f_i(I_0)=f_i(I_1)=1$,那么要求$M_0=M_1$。挑战者随机选择位b,并将如下密文发送给攻击者A,$C\leftarrow\text{Enc}(\text{PK},I_b,M_b)$。

(5) 攻击者A可以继续为额外的谓词请求密钥,并需要遵循上述同样

的谓词约束。

(6) 攻击者 A 输出一个位 b',如果 $b=b'$,则攻击者 A 攻击成功。

攻击者 A 的优势是其成功的概率和 1/2 的差。

根据隐藏信息的不同,将谓词加密的安全分为两类：负载隐藏(Payload Hiding)和属性隐藏(Attribute Hiding)[9]。

(1) 负载隐藏(Payload Hiding)：和属性 I 关联的密文 C 隐藏了底层信息 M,除非该用户拥有一个密钥给他明确解密的能力。也就是说,如果即使攻击者 A 具有谓词密钥 $SK_{f_1},\cdots,SK_{f_\ell}$,在 $f_1(I)=\cdots=f_\ell(I)=0$ 的情况下,攻击者 A 对信息 M 一无所知。

(2) 属性隐藏(Attribute Hiding)：不仅要求密文 C 隐藏负载信息 M,还额外需要密文 C 隐藏相关的属性 I,除非他是被密钥拥有者显式泄漏的。也就是说,一个持有上述密钥的攻击者 A 只知道 $f_1(I),\cdots,f_\ell(I)$,但是不知道属性 I 的任何信息。

Shamir[26] 于 1984 年通过引入基于身份的加密(IBE)概念,首次提供了细粒度的加密系统。在 IBE 中一个用户可以通过系统主密钥获得自己的身份私钥(该过程需要经过对用户的认证),并用该私钥解密任何用他身份加密的信息。不过直到 2001 年,Boneh 和 Franklin[27] 与 Cocks[37] 才提出了第一个真正的基于身份的加密方案。在基于属性的加密系统中[31,32,34,38],一个用户可以接受一个隐私能力,代表密文记录的属性上复杂的访问控制策略。提出的系统可以密文数据上复杂的访问控制表示,然而,他们访问数据的内在本质是所有或没有(All-or-Nothing)。解密者或者能够解密数据知道任何事情,或者不能解密数据不知道任何事情。另一方面,他们应用于数据外包服务时,也存在用户查询关键词泄漏给第三方服务提供者的安全威胁。谓词加密[6,9] 在一定程度上解决了上述问题,通过构建密文数据上执行谓词函数的隐私能力,评估者只知道函数输出,但是不知道关键词匹配情况。谓词加密实际上就是称作关键词搜索(或匿名 IBE)的系统[4,5,9,29,40]。谓词加密可以实现密文数据上部分数据的访问,而不再需要一次访问整个数据,如一次只能访问记录中的某些密文列,而不是整个密文记录。IBE 标准的安全概念[27,28] 相应于谓词加密中的负载隐藏谓词加密,匿名 IBE[4,29,30] 相应于谓词加密中更强的安全概念属性隐藏谓词加密。

3.2 密码学基础和数学难题

【定义 3：组合次序双线性群组[6,9,40]】 组合次序双线性群组(Composite Order Bilinear Groups)首先由文献[40]提出，之后被广泛应用于不同的密码学方案[5,6,9,41]。假设 Gen 是群生成算法，输入安全参数 $\lambda\in Z_q^*$，输出系统公共参数元组(p,q,G,G_T,e)，即 $\text{Gen}(\lambda)\to(p,a,G,G_T,e)$，其中 p,q 是两个不同的大素数，G 和 G_T 是两个次数为 $n=pq$ 的循环群，e 是满足下列特性的双线性对函数 $e:G\times G\to G_T$。

(1) 双线性(Bilinearity)：$\forall u,v\in G$，$\forall a,b\in Z_q^*$，$e(u^a,u^b)=e(u,v)^{ab}$。

(2) 非退化性(Non-degenerate)：$\exists g\in G$，使得 $e(g,g)\in G_T$ 具有次数 n。

(3) 可计算性(Computational)：G 和 G_T 中的群，以及双线性对 e 多项式时间 λ 计算有效。

G_p 和 G_q 分别表示次数为 p 和 q 的 G 的子群，$G_{T,p}$ 和 $G_{T,q}$ 分别表示次数为 p 和 q 的 G_T 的子群。

【定义 4：双线性 Diffie-Hellman 假设[6,9]】 对于组合次序，给定群生成算法 Gen，定义如下分布 $P(\lambda)$：

$$(p,q,G,G_T,e)\xleftarrow{R}\text{Gen}(\lambda),n\leftarrow pq,g_p\xleftarrow{R}G_p,g_q\xleftarrow{R}G_q$$

$$a,b,c\xleftarrow{R}Z_n$$

$$\bar{Z}\leftarrow((n,G,G_T,e),g_q,g_p,g_p^a,g_p^b,g_p^c)$$

$$T\leftarrow e(g_p,g_q)^{abc}$$

输出$(\bar{Z},T)$

对于攻击算法 A，定义 A 在解决下列组合双线性 Diffie-Hellman 问题的优势为：

$$\text{cBDHAdv}_{\text{Gen},A}(\lambda):=|\Pr[A(\bar{Z},T)=1]-\Pr[A(\bar{Z},R)=1]|,$$

其中$(\bar{Z},T)\xleftarrow{R}P(\lambda)$ 和 $R\xleftarrow{R}G_{T,p}$。

如果对任何多项式时间算法 A，$\text{cBDHAdv}_{\text{Gen},A}(\lambda)$是关于参数 λ 可忽略

的函数，就可以说 Gen 满足组合的双线性 Diffie-Hellman 假设(cBDH)。

【定义 5：组合的 3 方 Diffie-Hellman 假设[6,9]】 该构造利用组合双线性群上的额外假设，对给定的群生成器 Gen 定义如下分布 $P(\lambda)$。

$$(p,q,G,G_T,e) \xleftarrow{R} \text{Gen}(\lambda), n \leftarrow pq, g_p \xleftarrow{R} G_p, g_q \xleftarrow{R} G_q$$

$$R_1, R_2, R_3 \xleftarrow{R} G_q$$

$$a,b,c \xleftarrow{R} Z_n$$

$$\bar{Z} \leftarrow ((n,G,G_T,e), g_q, g_p, g_p^a, g_p^b, g_p^{ab} \cdot R_1, g_p^{abc} \cdot R_2)$$

$$T \leftarrow g_p^c \cdot R_3$$

输出$(\bar{Z},T)$

对于攻击算法 A，定义 A 在解决下列组合 3 方 Diffie-Hellman 问题时的优势为：

$\text{C3DHAdv}_{\text{Gen},A}(\lambda) := |\Pr[A(\bar{Z},T)=1] - \Pr[A(\bar{Z},R)=1]|$，其中$(\bar{Z},T) \xleftarrow{R} P(\lambda)$和 $R \xleftarrow{R} G$。

如果对任何多项式时间算法 A，$\text{C3DHAdv}_{\text{Gen},A}(\lambda)$是关于参数 λ 可忽略的函数，就可以说 Gen 满足组合的 3 方 Diffie-Hellman 假设(C3DH)。在 3.3 节引入了隐藏属性的谓词加密和支持多项式的谓词加密，并以隐藏向量加密(Hidden Vector Encryption，HVE)为例说明数据库服务模式下基于 HVE 的访问控制增强。

【定义 6：双线性 Diffie-Hellman 问题[27]】 给定 $g, g^a, g^b, g^c \in G$，计算 $e(g,g)^{abc} \in G_T$ 在多项式时间内是困难的。

3.3 基于谓词加密的访问控制增强

如图 3.1 和图 3.2 所示为数据库服务模式下基于谓词加密(Predicate Encryption，PE)的访问控制增强架构，一般涉及 4 个实体：数据所有者(Data Owners，DO)、数据库服务提供者(Database Service Provider，DSP)、可信的授权中心或可信的代理(Trusted Proxy，TP)和用户。目前主要包括两种基本架构：如图 3.1 所示的无可信代理(NTP)的基于谓词加密(PE)的访问控制增强架构，简称 NTP-PE ACE 架构和如图 3.2 所示的有可信代理(TP)的基于谓词加密(PE)的访问控制增强架构,简称 TP-PE ACE 架构。在图 3.1 中,DO 同时作为访问控制策略的制定者(根据访问控制策略加密数据库数据,图 3.1 的 Data Owners 框内)和增强者(即接受用户的查询属性(Query attributes),并根据用户查询属性满足的访问控制策略生成相应的查询令牌(Query token),图 3.1 的 Data Owners 框内)。在图 3.2 中,DO 作为访问控制策略的制定者,TP 作为访问控制策略的增强者(图 3.2 的 Trusted Proxy 框内)。

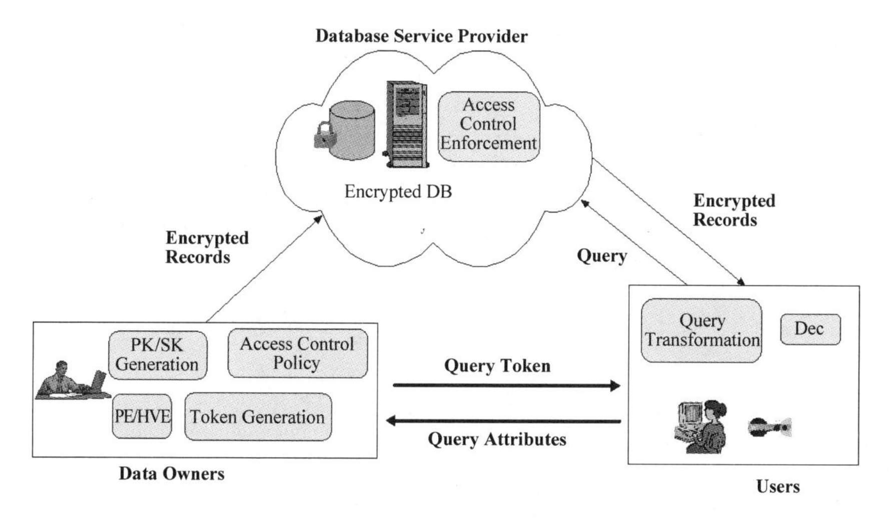

图 3.1 基于谓词加密的访问控制增强(无可信代理)

基于该架构的工作过程是:DO 根据自己的访问控制策略(Access Control Policy)采用 PE 加密,如 HVE,加密数据库数据生成密文数据库(Encrypted Database,EDB),并将 EDB 委托给 DSP。当用户 Users 想查询指定的数据库记录时,需要先向 DO 或 TP 提交自己的查询属性(Query Attributes),DO 或 TP 根据访问控制策略将授权的查询令牌(Query Token)发送给用户。接下来以图 3.2 架构为例,将隐藏向量加密(Hidden Vector Encryption,HVE)作为底层加密方案,引入基于 HVE 的访问控制增强方案,主要包括:三部分数据库加密,访问控制授权(查询令牌),密钥分发模型。

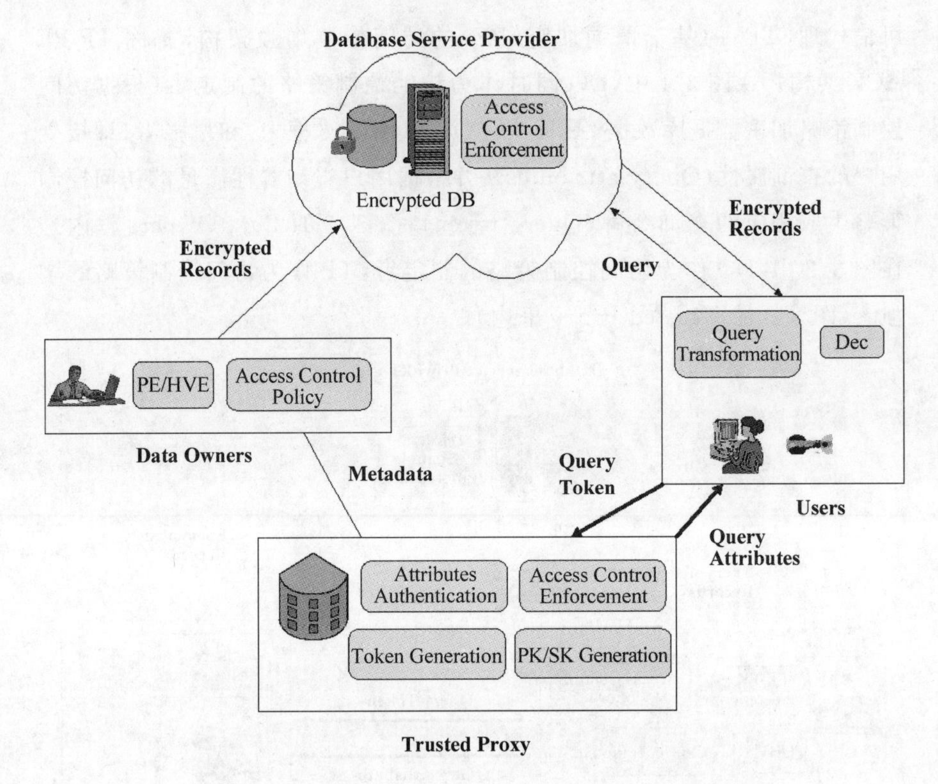

图 3.2 基于谓词加密的访问控制增强(具有可信代理)

3.3.1 谓词加密

本节首先引入两种谓词加密定义：隐藏向量加密(HVE)和支持多项式的谓词加密(PPE),然后介绍谓词和多项式之间的转换规则。

1. 谓词加密

【**定义 7：隐藏向量加密 HVE**[6,9,14,15]】 HVE 是一种特殊类型的谓词加密机制,其中两个基于关键词(或属性)的向量$\vec{x}$和$\vec{w}$被选取。加密向量$\vec{x}$应用于加密过程和密文关联,查询向量$\vec{w}$应用于查询令牌生成过程和查询令牌关联。HVE 主要包括如下 4 个多项式时间算法。

(1) 安装 Setup$(\lambda,\ell)\rightarrow(PK,SK)$,输入安全参数$\lambda$和属性个数$\ell$,一个由$\ell$个关键字或属性构成加密向量$\vec{x}$,安装函数输出查询密钥对(PK,SK),

这个算法可以由可信的授权代理执行。

(2) 加密 Encrypt(PK,$\vec{x}$,ind)→C,输入公钥 PK,加密向量$\vec{x}$和元组标识 ind,输出加密的记录密文 C,该算法可以由医疗记录所有者执行。

(3) 令牌生成 TokenGen(SK,$\vec{w}$)→QT_w,输入私钥 SK 和查询向量$\vec{w}$,该算法可以由可信的授权代理执行。

(4) 查询 Query(QT_w,C)→ind or ⊥,算法输入查询向量$\vec{w}$对应的查询令牌 QT_w 和密文记录 C,算法在加密向量$\vec{x}$和查询向量$\vec{w}$按顺序匹配的条件下,解密输出一个标识 ind。

【定义 8：支持多项式的谓词加密 PPE[9]】 不同的谓词通过转化,可以表示为多项式形式,参看 3.3.2 节谓词和多项式转换,PPE 是支持多项式的谓词加密机制。假设:

$$f_{\leqslant d}^{\text{poly}} = \{F_p \mid p \in Z_N[x], \deg(p) \leqslant d\}$$

$$F_p(x) = \begin{cases} 1 & \text{if} \quad p(x) = 0 \bmod N \\ 0 & \text{其他} \end{cases}, \quad x \in Z_N$$

假设 N 表示每个属性的取值范围,支持多项式的谓词加密方案 $f_{\leqslant d}^{\text{poly}}$ 表示如下:

(1) 安装 Setup(λ,ℓ)→(PK,SK),输入安全参数 λ 和属性个数ℓ,一个由ℓ个关键字或属性构成加密向量$\vec{x}$,安装函数输出查询密钥对(PK,SK),这个算法可以由数据所有者或可信的授权代理执行。

(2) 令牌生成 TokenGen(SK,$f_{\vec{p}}$)→QT_p,输入私钥 SK 和谓词多项式 $p=a_d x^d+\cdots+a_0 x^0$,假设$\vec{p}=(a_d,\cdots,a_0)$,输出相应于该谓词向量$\vec{p}$的查询令牌 QT_p,该算法可以由可信的授权代理执行。

(3) 加密 Encrypt(PK,$\vec{x}$,ind)→C,输入公钥 PK,加密向量$\vec{x}$和元组标识 ind,输出加密的记录密文 C,该算法可以由医疗记录所有者执行,$\vec{x}=(x^d \bmod N,\cdots,x^0 \bmod N)$基于数据库记录属性构建。

(4) 查询 Query(QT_p,C)→ind or ⊥,算法输入查询向量$\vec{p}$对应的查询令牌 QT_p 和密文记录 C,算法在加密向量$\vec{x}$和查询向量$\vec{p}$内积为 0 的条件下,解密输出一个标识 ind。

根据上述的描述知道,当且仅当$<\vec{p},\vec{x}>=0$ 时,$p(x)=0$,由此证明了方案的正确性和安全性。

2. 谓词和多项式转换

谓词和多项式之间存在通用的转换模式，主要包括析取谓词和多项式转换以及合取谓词和多项式转换。

1) 析取谓词和多项式转换

如一元“或”谓词 $OR_{a_1,a_2}(x)$，在如下条件下为真，即：

$$OR_{a_1,a_2}(x)=1 \quad \text{当且仅当 } x=a_1 \text{ 或 } x=a_2$$

一元“或”谓词 OR_{a_1,a_2} 可以被转换为如下1元多项式：

$$p(x)=(x-a_1)(x-a_2)$$

上述多项式在谓词为真（即 $OR_{a_1,a_2}(x)=1$）的情况下，其值为0（即 $p(x)=0$）。对于多元“或”谓词 $OR_{a_1,a_2}(x_1,x_2)$，在如下条件下为真，即

$$OR_{a_1,a_2}(x_1,x_2)=1 \quad \text{当且仅当 } x_1=a_1 \text{ 或 } x_2=a_2$$

多元“或”谓词 $OR_{a_1,a_2}(x_1,x_2)$ 可以被转换为如下多元多项式：

$$p'(x_1,x_2)=(x_1-a_1)(x_2-a_2)$$

上述多项式在“或”谓词为真（即 $OR_{a_1,a_2}(x_1,x_2)=1$）的情况下，其值为0（即 $p'(x_1,x_2)=0$）。

2) 合取谓词和多项式转换

如多元“与”谓词 $AND_{a_1,a_2}(x_1,x_2)$，在如下条件下为真，即

$$AND_{a_1,a_2}(x_1,x_2)=1 \quad \text{当且仅当 } x_1=a_1 \text{ 并且 } x_2=a_2$$

多元“与”谓词 $AND_{a_1,a_2}(x_1,x_2)$ 可以被转换为如下多元多项式：

$$p''(x_1,x_2)=r(x_1-a_1)+(x_2-a_2)$$

r 是一个随机数 $r\in Z_N$，上述多项式在“与”谓词为真（即 $AND_{a_1,a_2}(x_1,x_2)=1$）的情况下，其值为0（即 $p''(x_1,x_2)=0$）。

3. 谓词加密需求实例

表3.1表示个人医疗记录外包应用中的病人表。从表中可以看到，大量的病人隐私信息如疾病(Disease)、医生(Doctor)等，如果以明文信息外包给数据库服务提供者，会导致病人的隐私信息很容易泄漏，一是泄漏给数据库服务提供者，二是泄漏给攻击服务器的外部攻击者。然而，这是很

多病患不希望发生的事情,因为一旦患有癌症的病人信息泄漏,将会给病人的生活带来不同程度的困扰。为了确保病患对自己数据的隐私控制,大多数提出方案如第1章中的文献[1,3,5,6]采用数据加密技术实现外包数据库记录的隐私保护。然而这样会导致医疗记录上的关键服务如关键字搜索、多用户关键字搜索成为挑战性问题,如一个病患可能想通过提交如下查询找出具有相同疾病和症状的病人,以帮助自己选择更好的对口医院治疗:

表 3.1　病人表

PatNo	PatName	Age	Sex	Region	Disease	Doctor	Hospital	Date
2056012	Bob	62	M	Berkeley	Cancer	Mary	SFO	11/08/2014
…	…	…	…	…	…	…	…	…
2056102	Alice	26	F	Albany	Diabetes	John	RedCross	12/19/2014

Q_1:(20<Age<30) AND (Sex="female") AND (Disease="diabetes")

而且,一个医疗研究者可能提交如下查询访问个人医疗记录外包数据库:

Q_2:(Age>46) AND (Region="Berkeley") AND (Disease="cancer")

为了实现密文上的关键字搜索,Song 等[1]首先于2000年提出了可搜索加密概念,构建的方案实现了基于对称加密的单关键搜索方案,可应用于加密文档上的单关键字搜索。Boneh 等[4]基于组合双线性对文献[40]的技术,于2004年提出了可搜索的公钥加密方案,可应用于邮件服务器中的安全邮件转发。[2,40,41]则基于提出的可搜索加密技术构建了可搜索的密文审计日志、多关键字查询、保护隐私的授权委托等被国内外学术团体广泛引用的方法。为了实现查询隐私(即查询属性隐私),隐藏向量加密(HVE)由 Boneh 和 Waters[6]引入,之后一系列基于双线性对有效的 HVE 被提出[14,15],支持多项式和内积的谓词加密则由 Katz,Sahai 和 Waters[9]引入,然而,他们提出的方案都基于昂贵的组合次序双线性对。为了解决指数和双线性对上昂贵的计算开销,Iovino[43]提出了一个基于单个素数群的 HVE 方案,只需要 $O(n)$ 的查询令牌和 $O(n)$ 的双线性对计算,n 是连接属性的数目。然而这依然带来巨大的查询消耗,因为每个密文必须是有效的能够匹配查询令牌的密文。为了进一步解决这个问题,Park 提出了一个低消耗的 HVE 方案[14,15],基于单个素数群构建了只需要 $O(1)$ 查询令牌和 $O(1)$ 双线性对计算的 HVE 方案。下面的数据库加密即基于该 HVE 方案构建。

3.3.2 数据库加密

为了更好地将 HVE 应用于外包数据库加密,假设一个数据库记录 t_i 由多个表示特性的属性构成,如 Bob 对应的属性有年龄(Age)、性别(Sex)、区域(Region)、疾病(Disease)等。每个属性可以有多个取值,如年龄是数字字符,区域是非数字字符。假设属性空间被标签化为 $W=\{1,\cdots,\ell\}$,每个属性对应的属性值空间为 $W_i=\{a_{i,1},\cdots,a_{i,n_i}\}$,$1\leqslant i\leqslant\ell$,令 $\Sigma^\ell=\{W_1,W_2,\cdots,W_\ell\}$,$\Sigma_*^\ell=\{W_1,W_2,\cdots,W_\ell\}\cup *$,其中"$*$ "表示"无关紧要"属性值。一般假设每个属性值通过哈希函数 H 映射到有限域空间 F_q 的一个值 $w_{i,j}\in F_q$,$H:\{0,1\}*\rightarrow F_q$,$q$ 是一个大素数。在谓词加密机制中,数据库中的每个属性也可称作索引中的"关键词域",每个属性值称作"关键词"。假设源数据库 DB 由一系列表 table_j 组成,即:

$$\text{DB}=\{\text{table}_j\}_{j=1}^M$$

M 表示数据库中表的个数,假设 t_i 是第 i 个元组,l 表示表 table_j 中属性个数,那么表 table_j 可以表示如下:

$$\text{table}_j=\{t_i\}_{i=1}^N,\quad t_i=\{a_{i,1},a_{i,2},\cdots,a_{i,l}\}$$

N 表示表 table_j 中元组的个数,如图 3.3 所示,表示对表 3.1 基于 HVE 的加密过程,首先采用行加密的形式加密整个元组 t_i 为密文元组 et_i,然后采用 HVE 中的加密算法 Encrypt 加密元组密钥 e_i,建立基于元组可搜索的查询索引 Ind_i,过程如下:

$$\text{Enc}(t_i,e_i)\rightarrow\text{et}_i$$

$$\vec{x}_i=\{a_{i,1},a_{i,2},\cdots,a_{i,l}\},\text{HVE.Encrypt}(\text{PK},\vec{x}_i,e_i)\rightarrow\text{Ind}_i$$

如元组 t_1={2056012,Bob,62,M,Berkeley,Cancer,Mary,SFO,11/08/2014 },$\vec{x}_1$={2056012,Bob,62,M,Berkeley,Cancer,Mary,SFO,11/08/2014 },加密后 et_1 和 Ind_1 分别为:

$$\text{Enc}(t_1,e_1)\rightarrow(\text{et}_1=397\text{c}7\text{h}7\text{dscnv})$$

$$\text{HVE.Encrypt}(\text{PK},\vec{x}_1,e_1)\rightarrow\text{Ind}_1$$

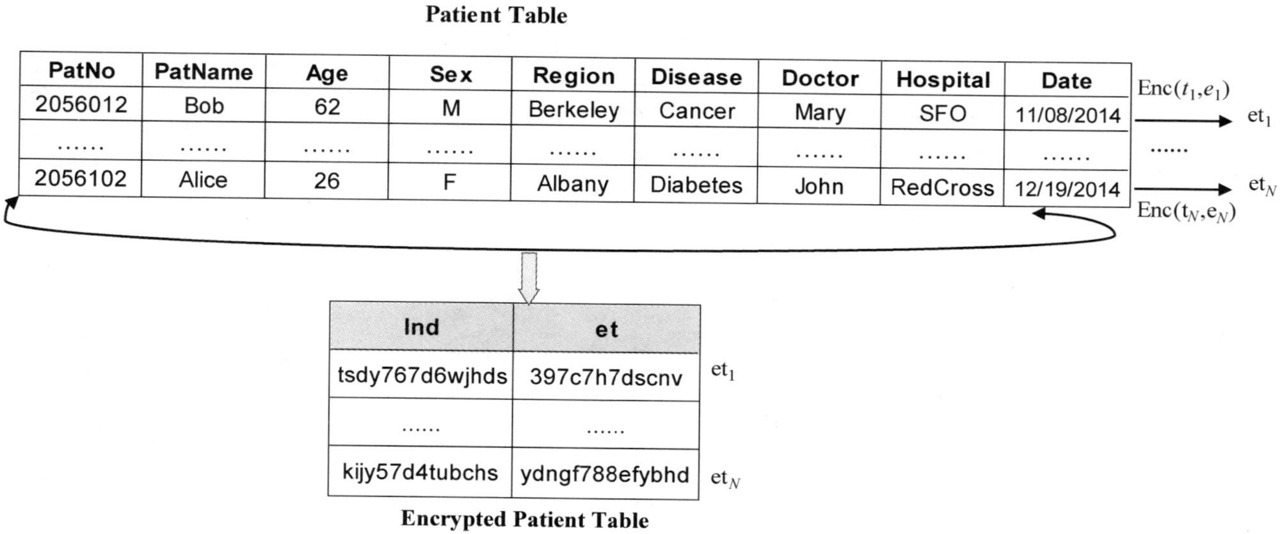

Patient Table

PatNo	PatName	Age	Sex	Region	Disease	Doctor	Hospital	Date
2056012	Bob	62	M	Berkeley	Cancer	Mary	SFO	11/08/2014
……	……	……	……	……	……	……	……	……
2056102	Alice	26	F	Albany	Diabetes	John	RedCross	12/19/2014

Ind	et	
tsdy767d6wjhds	397c7h7dscnv	et_1
……	……	
kijy57d4tubchs	ydngf788efybhd	et_N

Encrypted Patient Table

图 3.3　病患表的加密过程

如图 3.3 所示，密文数据库 EDB 具有如下格式：

$$\mathrm{EBD}=\{\mathrm{etable}_j\}_{j=1}^{M},\quad \mathrm{etable}_j=\{\mathrm{Ind}_i,\mathrm{et}_i\}_{i=1}^{N}$$

3.3.3 访问控制授权(查询令牌)

在基于谓词加密的访问控制增强中，对数据拥有者 DO 委托数据的访问控制主要取决于两个方面：一是根据注册用户身份信息生成 DO 访问控制策略，如通用的基于角色的访问控制(Role-Based Access Control, RBAC)，自主访问控制(Discretionary Access Control,DAC)，强制访问控制(Mandatory Access Control,MAC)，二是根据注册用户提交查询属性生成查询令牌(Query Token,QT)。这里主要介绍通过生成查询令牌以授权用户的查询能力的访问控制。如图 3.4 所示，根据查询语句中查询关键字的不同，分为单关键字查询令牌(Single QT)和连接关键字查询令牌(Conjunctive QT)。本文主要采用单数据所有者多搜索者(Single-Owner Multi-Searcher)常用工作模式，不采用两种工作模式如单数据所有者单查询者(Single-Owner Single Searcher)、多数据拥有者单搜索者(Multi-Owners Single Search)[42]。根据查询令牌生成位置的不同，可以分为 DO 生成查询令牌(如图 3.1 所示，以及图 3.4 中的 DO for QT)和 TP 生成查询令牌(如图 3.2 所示，以及图 3.4 中的 TP for QT)，这里并没有提到文献[42]中提出的用户生成查询令牌，主要在于其涉及过多隐私泄漏，特别是数据所有者的私钥需要泄漏给用户以便于用户生成相应的查询令牌。

1. DO 生成查询令牌

DO 生成查询令牌主要包括两个步骤：①DO 根据其定义的访问控制策略确认查询用户访问权限(可以基于通用的访问控制策略实现)；②如果查询用户为授权用户，DO 根据定义 5 中查询令牌生成算法 TokenGen $(\mathrm{SK},\vec{w})\rightarrow \mathrm{QT}_w$，为查询用户生成相应于查询属性向量$\vec{w}$的查询令牌 QT_w。

DO 生成查询令牌的优点：DO 的系统密钥 SK 和访问控制策略都由 DO 自己控制，因此可以构造满足 DO 授权需求的查询令牌。恶意用户或攻击者由于不知道 DO 的 SK，从而不能构造任选属性的查询令牌，因此可以避免查询关键字和用户隐私信息泄漏。DO 生成查询令牌的缺点：DO

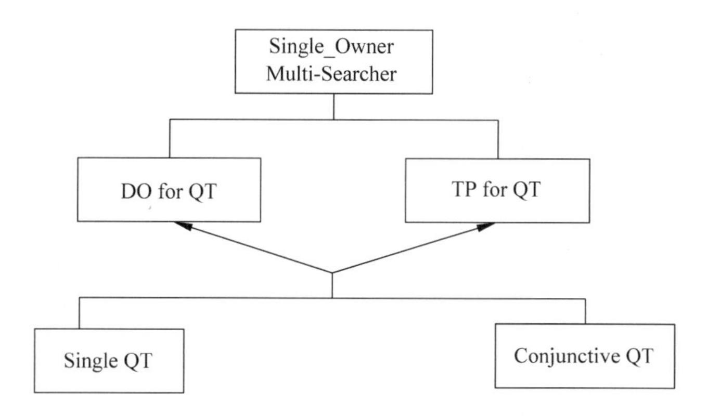

图 3.4 查询令牌

成为整个通信瓶颈，对于大型公司而言，会由于单点失败而影响整个用户的应用体验，对于存储和计算能力有限的移动设备而言，会造成 DO 过多的操作负担。

2. TP 生成查询令牌

TP 生成查询令牌，主要需要三个步骤：①TP 根据 DO 委托给他的访问控制策略确认查询用户访问权限；②TP 根据 DO 委托给他的数据库元数据确认用户提交的查询属性；③通过前两个步骤可以确认查询用户为授权用户，并授权执行提交查询，TP 根据定义 5 中查询令牌生成算法 Token-Gen(SK，$\vec{w}$)→QT_w，为查询用户生成相应于查询属性向量$\vec{w}$的查询令牌 QT_w。

TP 生成查询令牌的优点：DO 的系统密钥 SK 和访问控制策略都由 DO 委托给 TP 同步维护，因此 TP 必须是高度可信的。TP 可以代表 DO 授权用户需求的查询令牌。恶意用户或攻击者不知道 DO 的 SK，从而不能构造任选属性的查询令牌，因此可以避免查询关键字和用户隐私信息泄漏。TP 生成查询令牌的缺点：TP 是第三方服务提供者，一旦不可信，将造成 DO 大量隐私信息泄漏，如 DO 的 SK，访问控制策略中用户的身份等。因此在 TP 生成查询令牌模式下，需要进一步加强 DO 委托 SK 和访问控制策略的隐私保护问题。

3. 查询令牌类型

根据查询关键字个数的不同，查询令牌主要分为单关键字查询令牌(Single QT)和连接关键字查询令牌(Conjunctive QT)。

1）单关键字查询令牌

以文献[4]中查询令牌为例说明基于单关键字查询令牌的生成。假设单关键字序列表示为 $W_1, W_2, \cdots, W_k$，用户 Alice 的公钥是 A_{pub}，邮件信息是 msg，数据所有者 DO 发送具有关键字 $W_1, W_2, \cdots, W_k$ 的加密邮件给 Alice，DO 发送如下形式的密文：

$$C = E(A_{\text{pub}}, \text{msg}), \text{PEKS}(A_{\text{pub}}, W_1), \cdots, \text{PEKS}(A_{\text{pub}}, W_k)$$

如果 Alice 希望邮件服务器在不知道其邮件信息的情况下，转发所有包含关键字 W 的加密邮件给她，Alice 需要根据其私钥生成查询令牌 $\text{QT}_W = \text{TokenGen}(A_{\text{priv}}, W)$ 给邮件服务器。下面是 QT_W 单关键字查询令牌示例，假设存在 Hash 函数 $H_1: \{0,1\}^* \to G$ 和 $H_2: G_T \to \{0,1\}^{\log p}$：

(1) KeyGen(λ)→(PK,SK)，输入安全参数 λ，素数 p 和乘法群 G, G_T，算法选择一个随机数 $\alpha \in Z_p^*$ 和一个 G 的生成元 g，输出公钥 $\text{PK} = \{g, h = g^\alpha\}$ 和私钥 $\text{SK} = \alpha$，对于 Alice 来说，存在 $A_{\text{pub}} = \text{PK}, A_{\text{priv}} = \text{SK}$。

(2) PEKS(PK, W)→CT，算法计算选择随机数 $r \in Z_p^*$，计算 $t = e(H_1(W), h^r), t \in G_T$，输出 $\text{CT} = \{g^r, H_2(t)\}$。

(3) TokenGen(SK, W)→QT_W，算法输出单关键字查询令牌 $\text{QT}_W = H_1(W)^\alpha, \text{QT}_W \in G$。

(4) Query(PK, S, QT_W)→Yes 或 No，假设 $S = \{A, B\}$，测试如果 $H_2(e(\text{QT}_W, A)) = B$，成立则输出 Yes，否则输出 No。

单关键字查询令牌应用于邮件转发网关、银行安全路由网关等具有少量关键字的信息转发是有效的，然而当需要查询具有多个属性关键字的加密外包数据库(数据库服务中的密文数据库)时，如果只是采用单关键字加密算法中的关键字的简单累加，就会造成效率低下和关键字安全问题，下面引入基于连接关键字的查询令牌。

2）连接关键字查询令牌

以文献[14]、[15]中查询令牌为例说明基于连接关键字查询令牌的生成。假设属性向量$\vec{x}=\{x_1,x_2,\cdots,x_\ell\}\in\Sigma^\ell$，查询属性向量$\vec{w}=\{w_1,w_2,\cdots,w_\ell\}\in\Sigma_*^\ell$，$S(\vec{w})$是属性 $w_i\neq *$ 的索引 i 的集合，查询令牌 QT_w（相等连接查询令牌）生成示例如下。

（1）KeyGen$(\lambda,\ell)\rightarrow$(PK,SK)，为了生成 HVE 参数，安装算法选择一个随机生成元 $g\in G$，选择随机指数 $y_1,y_2,v_1,\cdots,v_\ell,t_1,\cdots,t_\ell\in Z_p^*$，选择随机元素 $g_1,g_2,(h_1,u_1,w_1),\cdots,(h_\ell,u_\ell,w_\ell)\in G$，设置 $Y_1=g^{y_1},Y_2=g^{y_2}$，$V_i=g^{v_i}\in G,i=1,\cdots,\ell$。此外，设置 $\Omega=e(g_1,Y_1)e(g_2,Y_2)\in G_T$。生成的公钥 PK 和私钥 SK 如下：

$$\mathrm{PK}=(g,Y_1,Y_2,(h_1,u_1,w_1,V_1,T_1),\cdots,(h_\ell,u_\ell,w_\ell,V_\ell,T_\ell),\Omega)\in G^{5\ell+3}\times G_T$$

$$\mathrm{SK}=(y_1,y_2,v_1,\cdots,v_\ell,t_1,\cdots,t_\ell,g_1,g_2)\in Z_p^{2\ell+2}\times G^2$$

（2）Encrypt(PK,$\vec{x}$,M)$\rightarrow$CT，假设$\vec{x}=(x_1,\cdots,x_\ell)\in\Sigma^\ell$，算法利用 PK 加密信息 $M\in M\in G_T$ 和向量$\vec{x}$，选择随机指数 $s_1,s_2\in Z_p^*$，计算密文 CT 如下：

$$\begin{aligned}\mathrm{CT}&=(Y_1^{s_1},Y_2^{s_2},(h_1u_1^{x_1})^{s_1}V_1^{s_2},\cdots,(h_\ell u_l^{x_l})^{s_1}V_\ell^{s_2},w_1^{s_1}T_1^{s_2},\cdots,w_\ell^{s_1}T_\ell^{s_2},g^{s_2},\Omega^{s_1}M)\\&\quad\in G^{2\ell+3}\times G_T\\&=(C_1,C_2,C_{3,1},\cdots,C_{3,\ell},C_{4,1},\cdots,C_{4,\ell},C_5,C_6)\end{aligned}$$

（3）TokenGen(SK,$\vec{w}$)$\rightarrow QT_W$，算法执行过程如下。

① 选择一个随机数 $A\in Z_p^*$ 和随机数 $r_{i\backslash},k_i\in Z_p^*$，使得所有的 $i\in S(\vec{w})$，等式 $r_{i\backslash}y_1+k_iy_2=A$；

② 选择一个随机数 $B\in Z_p^*$ 和随机数 $\eta_{i\backslash},\tau_i\in Z_p^*$，使得所有的 $i\in S(\vec{w})$，等式 $\eta_{i\backslash}y_1+\tau_iy_2=B$；

③ 计算的查询令牌 QT_w 为如下形式：

$$\begin{aligned}QT_w&=\left(g_1\prod_{j\in S(\vec{w})}(h_iu_i^{w_i})^{r_i}x_i^{\eta_i},g_2\prod_{i\in S(\vec{w})}(h_iu_i^{w_i})^{k_i}x_i^{\tau_i},g^A,g^B,g^{-\sum_{i\in S(\vec{w})}(v_iA+t_iB)}\right)\in G^5\\&=(K_1,K_2,K_3,K_4,K_5)\end{aligned}$$

其中，$x_i\in\vec{x}$为加密过程中数据库属性，$w_i\in\vec{w}$为用户提交的查询属性，通过查询谓词中查询属性和数据库属性的比对，如果完全匹配，则谓词置 1，查询授权成功，否则谓词置 0，查询授权失败（用户可能是恶意的攻击者或假冒用户）。

（4）Query(CT,$QT_{\vec{w}}$)$\rightarrow M$，假设 $C'_3=\prod_{i\in S(\vec{w})}C_{3,i}$ 和 $C'_4=\prod_{i\in S(\vec{w})}C_{4,i}$，计算$\dfrac{e(K_3,C'_3)e(K_4,C'_4)e(K_5,C_5)}{e(K_1,C_1)e(K_2,C_2)}\cdot C_6\rightarrow M$，如果 $M\notin M$，输出终止$\perp$，否则

输出 M。

多关键字查询令牌应用于第三方文档存储、外包数据库等具有多查询关键字的数据服务场景。该方案生成的查询令牌隐藏了用户的查询关键字，使得用户的查询隐私得到有效保护。

上述两种方案可以直接应用于多数据所有者单查询者（Multi-Owner Single-Searcher）和单数据所有者单查询者（Single-Owner Single-Searcher）服务场景，而且如果单查询者是 SK 的所有者时，发送者只需要采用单查询者的公钥 PK 加密关键字即可实现密文数据上的搜索和转发。然而，在实际的数据库外包服务场景中，如果数据所有者采用所有可能的查询者的公钥加密关键字，将造成如下问题：①增加由于多关键字的重复加密（为每个查询者加密所有可能查询关键字）造成的存储空间消耗；②查询效率低下，不同的查询者之间不能共享密文关键字。

4. 查询效率支持

各种方案的查询性能比较见表 3.2。

表 3.2　查询性能比较

Scheme	QueryType	TokenSize	PairingsTotal	GroupOrder
Katz, Sahai and Waters[9]	Equality	$2(2\ell+1)G$	$2(2\ell+1)p$	pqr
	Comaprison	$2(2\ell+1)G$	$2(2\ell+1)p$	
	Subset	$2(2n\ell+1)G$	$2(2n\ell+1)p$	
Boneh and Waters[6]	Equality	$(2\ell+1)G$	$(2\ell+1)p$	pq
	Comaprison	$(2\ell+1)G$	$(2\ell+1)p$	
	Subset	$2(2n\ell+1)G$	$(2n\ell+1)p$	
Shi and Waters[41]	Equality	$(\ell+3)G$	$(\ell+3)p$	pqr
	Comaprison	$(\ell+3)G$	$(\ell+3)p$	
	Subset	$(n\ell+3)G$	$(n\ell+3)p$	
Iovino and Persiano[43]	Equality	No function		p
	Comaprison	$(2\ell)G$	$(2\ell)p$	
	Subset	$(2n\ell)G$	$(2n\ell)p$	
Park[14,15]	Equality	$5G$	$5p$	p
	Comaprison	$5G$	$5p$	
	Subset	$5G$	$5p$	

3.3.4 密钥分发模型

基于谓词的加密本质上属于公钥加密机制，因此每个数据拥有者都拥有一个密钥对（公钥和私钥）。在外包数据库数据时，最简单直接的方式就是用数据拥有者的公钥加密数据以保护数据的机密性，用数据拥有者的私钥生成查询令牌并分发给授权用户，以保证外包加密数据上的安全查询，然而在实际应用中，随着数据的海量增长，采用公钥加密数据造成如下问题。

（1）公钥可以公开访问，攻击者可以通过有目的地选择明文（选择明文攻击）猜测数据拥有者外包的部分数据；

（2）私钥用来生成查询令牌，并由数据拥有者根据其访问授权分发给授权用户，造成数据拥有者成为通信瓶颈。

为了解决上述安全问题并适应大规模的数据扩展问题，现有的解决方法通常是采用对称加密方法加密外包数据，并采用一定的密钥分发模型分发密钥。

3.4 存在的挑战和研究展望

虽然采用ABE机制加密数据密钥使得执行密文数据上细粒度的访问控制成为可能，但是在DaaS场景中，由于DSP是Honest-but-Curious的，依然存在如下一系列研究挑战。

（1）融合传统访问控制策略的CP-ABE访问结构设计困难。虽然基于CP-ABE可以有效支持DO对委托给DSP管理数据的可控性，但是在CP-ABE中，系统公钥由授权机构生成，访问结构由DO设计，密文的解密由授权机构和DO共同控制，因此访问结构的复杂性导致系统公钥设计的复杂性，同时存在将任何一个表达策略的布尔公式转化为相应的访问结构如访问树、LSSS矩阵的困难。

（2）支持灵活策略的KP-ABE过度依赖授权中心（TA）。虽然基于KP-ABE可以有效支持灵活的访问控制策略，但是不适合应用在DaaS场景中，因为KP-ABE过度依赖授权中心，如KP-ABE的系统公钥以及与访问结构相对应的用户私钥都由授权机构生成，密文的解密只由授权机构控制。一旦授权中心妥协，导致大量的关键用户隐私信息，特别是根据用户属性生成私钥的泄漏，将导致基于属性密钥的滥用。

(3) 密文长度因为基于 ABE 加密机制的引入增加通信消耗。DO 将基于 ABE 加密的数据密钥标签化数据密文，以控制对数据密文的细粒度访问。因此密文的大小和采用的访问结构有关，如采用 LSSS 访问结构使得密文大小与 LSSS 矩阵 A(行的数目)成正比，标签化的矩阵(A,ρ)使得通信开销急剧增加。

(4) 用户身份隐私泄漏。DSP 可以根据 DO 委托的基于 ABE 机制的访问结构控制用户对相应密文数据的细粒度访问，但是为了判断用户是否满足相应的访问策略，用户的身份(属性集合)会泄漏给 DSP，可以结合其他机制如 Oblivious 证书实现用户身份隐私保护[20,34]。

(5) 灵活的属性密钥撤销困难。系统的动态变化，如整个用户撤销、部分属性撤销等经常引起属性失效或从属关系变更(如角色转换)。撤销用户也就意味着撤销该用户的密钥，同时不影响未撤销用户的密钥，撤销用户的某个属性，同时不影响具备该属性其他用户的权限等。在基于 ABE 的机制中，属性与用户的多对多关系增加了属性密钥撤销机制的实现难度，基于属性撤销机制的相关研究可以参考文献[6]、[25]。

(6) 基于层次的授权中心和多授权中心。授权机构之间存在层次架构[12,21,22,33]关系和多个对等点[17]关系，如国家级授权中心、省级授权中心、市级授权中心之间的层次关系，车辆管理中心、社会安全局、社区管理中心之间的对等关系。目前的研究主要集中于属性之间的层次关系，而没有进一步处理多个授权机构之间的层次关系。

参考文献

[1] Song D, Wagner D, Perrig A. Practical techniques for searches on encrypted data. In: Proc. of the 2000 IEEE Symp. on Security and Privacy. Berkeley: IEEE Computer Society, 2000. 44-55.

[2] Waters B, Balfanz D, Durfee G, et al. Building an encrypted and searchable audit log. In: Proc. of the 11th Annual Network and Distributed System Security Symp.

San Diego: The Internet Society, 2004.

[3] Li M, Yu S, Cao N, et al. Authorized private keyword search over encrypted data in cloud computing. In: Proc. of the IEEE Int'l Conf. on Distributed Computing Systems (ICDCS). Minneapolis: IEEE Computer Society, 2011: 383-392.

[4] Boneh D, Crescenzo G, Ostrovsky R, et al. Public key encryption with keyword search. In: Proc. of the EUROCRYPT. Berlin, Heidelberg: Springer-Verlag, 2004: 506-522.

[5] Shi E, Bethencourt J, Chan T, et al. Multi-Dimensional range query over encrypted data. In: Proc. of the IEEE Symp. on Security and Privacy. Berkeley: IEEE Computer Society, 2007: 350-364.

[6] Boneh D, Waters B. Conjunctive, subset, and range queries on encrypted data. In: Proc. of the 4th Conf. on Theory of Cryptography. Berlin, Heidelberg: Springer-Verlag, 2007: 535-554.

[7] Cao N, Wang C, Li M, et al. Privacy-Preserving multi-keyword ranked search over encrypted cloud data. In: Proc. of the IEEE INFOCOM. Shanghai: IEEE Computer Society, 2011: 829-837.

[8] Curtmola R, Garay J, Kamara S, et al. Searchable symmetric encryption: improved definitions and efficient constructions. In: Proc. of the 13th ACM Conf. on Computer and Communications Security (CCS). New York: ACM Press, 2006: 79-88.

[9] Katz J, Sahai A, Waters B. Predicate encryption supporting disjunctions, polynomial equations, and inner products. In: Proc. of the EUROCRYPT. Berlin, Heidelberg: Springer-Verlag, 2008: 146-162.

[10] Cash D, Jarecki S, Jutla C, et al. Highly-scalable searchable symmetric encryption with support for Boolean queries. Advances in Cryptography (Crypto2013), LNCS8042, 2013: 353-373.

[11] Cash D, Jaeger J, Jarecki S, et al. Dynamic Searchable Encryption in Very-Large Databases: Data Structures and Implementation. NDSS'14, 23-26 February 2014, San Diego, CA, USA.

[12] Pappas Vasilis, Krell Fernando, Vo Binh, et al. Blind Seer: A Scalable Private DBMS. In Proceedings of the 35th IEEE Symposium on Security & Privacy (S&P), May 2014, San Jose, CA.

[13] Li M, Yu S, Cao N, et al. Authorized private keyword search over encrypted personal health records in cloud computing. The 30th International Conference on Distributed Computing Systems (ICDCS 2011), Minneapolis, MN, USA.

[14] Park J H. Efficient Hidden Vector Encryption for Conjunctive Queries on Encrypted Data. IEEE Transactions On Knowledge And Data Engineering, 2011, 23 (10): 1483-1497.

[15] Park J H, K L W S, Lee D H. Fully secure hidden vector encryption under standard assumptions. Information Sciences, 2013, 232: 188-207.

[16] Chang Y C, Mitzenmacher M. Privacy preserving keyword searches on remote encrypted data. In J. Ioannidis, A. Keromytis, and M. Yung, editors, ACNS 05, volume 3531 of LNCS, pages 442-455. Springer, June 2005.

[17] Byun J W, Lee D H, Lim J. Efficient conjunctive keyword search on encrypted data storage system. In EuroPKI, 2006: 184-196.

[18] Bloom B H. Space/time trade-offs in hash coding with allowable errors. Communications of the Association for Computing Machinery, 1970, 13(7): 422-426.

[19] Bellare M, Boldyreva A, O'Neill A. Deterministic and efficiently searchable encryption. In A. Menezes, editor, CRYPTO 2007, volume 4622 of LNCS, pages 535-552. Springer, Aug. 2007.

[20] Jarecki S, Jutla C, Krawczyk H, et al. Outsourced symmetric private information retrieval. In ACM CCS 13, Berlin, Germany, Nov. 4-8, 2013. ACM Press.

[21] Kamara S, Papamanthou C. Parallel and dynamic searchable symmetric encryption. In A. -R. Sadeghi, editor, FC 2013, volume 7859 of LNCS, pages 258-274, Okinawa, Japan, Apr. 1-5, 2013. Springer, Berlin, Germany.

[22] Katz J, Lindell Y. Introduction to Modern Cryptography (Chapman & Hall/Crc Cryptography and Network Security Series). Chapman & Hall/CRC, 2007.

[23] Jarecki S, Jutla C, Krawczyk H, et al. Outsourced symmetric private information retrieval. In ACM CCS 13, Berlin, Germany, Nov. 4-8, 2013. ACM Press.

[24] The health insurance portability and accountability act. http://www.hhs.gov/ocr/privacy/hipaa/understanding/index.html.

[25] Pappas V, Raykova M, Vo B, et al. Private search in the real world. In ACSAC '11, 2011: 83-92.

[26] Shamir A. Identity-Based cryptosystems and signature schemes. In: Blakley GR, Chaum D, eds. Advances in Cryptology-CRYPTO'84. Berlin, Heidelberg: Springer-Verlag, 1984: 47-53.

[27] Boneh D, Franklin M. Identity-based encryption from the Weil pairing. In Joe Kilian, editor, Proceedings of Crypto 2001, volume 2139 of LNCS, pages 213-229. Springer-Verlag, 2001.

[28] Canetti R, Halevi S, Katz J. A forward-secure public-key encryption scheme. J. Cryptology, 2007, 20(3): 265-294.

[29] Boyen X. Waters B. Anonymous hierarchical identity-based encryption (without random oracles). In Advances in Cryptology-Crypto, 2006.

[30] Gentry C. Practical identity-based encryption without random oracles. In Advances in Cryptology-Eurocrypt, 2006.

[31] Sahai A, Waters B. Fuzzy identity-based encryption. In: Cramer R, ed. Advances in Cryptology-EUROCRYPT 2005. Berlin, Heidelberg: Springer-Verlag, 2005: 457-473.

[32] Goyal V, Pandey O, Sahai A, et al. Attribute-Based encryption for fine-grained ac-

cess control of encrypted data. In: Proc. Of the 13th ACM Conf. on Computer and Communications Security. New York: ACM Press, 2006: 89-98.

[33] Bethencourt J, Sahai A, Waters B. Ciphertext-Policy attribute-based encryption. In: Proc. of the 2007 IEEE Symp. on Security and Privacy. Washington: IEEE Computer Society, 2007: 321-334.

[34] Ostrovsky R, Sahai A, Waters B. Attribute-Based encryption with non-monotonic access structures. In: Proc. of the ACM Conf. on Computer and Communications Security. New York: ACM Press, 2007: 195-203.

[35] Waters B. Efficient identity-based encryption without random oracles. In Advances in Cryptology-Eurocrypt, 2005.

[36] Boneh D, Boyen X. Efficient selective-ID identity based encryption without random oracles. In Advances in Cryptology-Eurocrypt, 2004.

[37] Cocks Clifford. An identity based encryption scheme based on quadratic residues. In Proceedings of the 8th IMA International Conference on Cryptography and Coding, pages 360-363, London, UK, 2001. Springer-Verlag.

[38] Pirretti Matthew, Traynor Patrick, McDaniel Patrick, and Waters Brent. Secure attribute-based systems. In CCS '06: Proceedings of the 13th ACM conference on Computer and communications security, 2006.

[39] Boneh Dan, Waters Brent. A fully collusion resistant broadcast trace and revoke system with public traceability. In ACM Conference on Computer and Communication Security (CCS), 2006.

[40] Boneh D, Goh E J, Nissim K. Evaluating 2-DNF formulas on ciphertexts. In Theory of Cryptography Conference, 2005.

[41] Shi E, Waters B. Delegating Capabilities in Predicate Encryption Systems. 35th International Colloquium, ICALP 2008 LNCS5126, 2008: 560-578.

[42] 沈志荣，薛巍，舒继武. 可搜索加密机制研究与进展. 软件学报，2014，25(4): 880-895.

[43] Iovino V, Persiano G. Hidden-Vector Encryption with Groups of Prime Order. Proc. Int'l Conf. Pairing-Based Cryptography (Pairing '08), 2008, 5209: 75-88.

第4章

基于代理加密的访问控制增强

通过第 1 章描述的安全机制新挑战知道,在数据库服务模式中,为了避免数据拥有者的数据隐私和访问控制策略隐私泄漏,数据库拥有者必须负责访问控制并过滤掉任何用户的非授权数据访问。如果同时有大量用户提交查询给数据库服务提供者,将导致数据库拥有者成为数据通信和计算过程中的服务瓶颈。因此需要设计一种访问控制增强机制,使得数据拥有者委托数据的隐私被保护的同时,确保数据库服务提供者可以有效过滤非授权用户的访问。在本章,首次提出了服务提供者再加密机制,并将该机制和具体设计的访问控制策略(如自主访问控制策略)有效融合,实现了数据库服务模式下灵活地访问控制增强管理机制。提出的方法不仅实现了服务提供者对委托密文数据灵活地访问控制管理,而且还有效地避免了客户复杂的密钥推导过程,使得不具有高计算和高存储能力的设备(如PDA、移动电话等终端设备)也可用。

4.1 代理再加密

代理再加密(Proxy Re-Encryption,PRE)是由 Blaze,Bleumer 和 Strauss 在 1998 年提出来的一个叫作原子代理再加密的应用[1]。它允许一个半可信的代理(Proxy)将来自发送者(Alice)的密文转换成另一个给接收者(Bob)的密文,但是代理不能根据发送者的密文推导出发送者的真实明文。如图 4.1 所示,Alice 将用她的公钥(pk_A)和加密算法生成的密文提交给代理服务器;代理服务器利用 Bob 的再加密密钥和再加密算法加密密文生成另一个密文 Re-Ciphertext;当 Bob 接收到密文 Re-Ciphertext 后,利用自己的私钥(sk_B)和解密算法解密密文 Re-Ciphertext 得到来自 Alice 的真实明文。在这个计算过程中,代理服务器不能根据自己拥有的密文和再加密密钥获得 Alice 的真实明文。

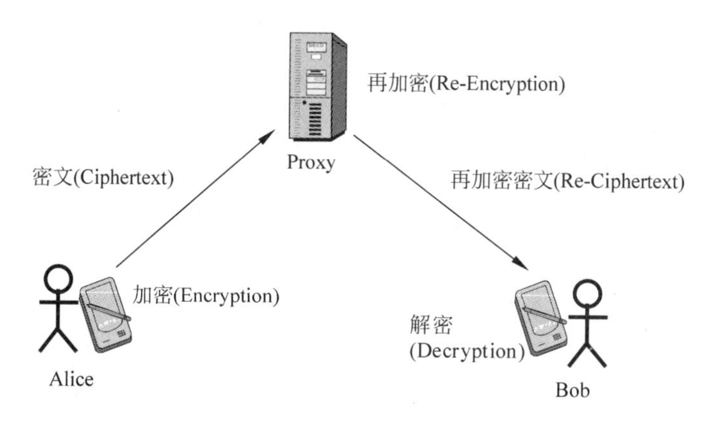

图 4.1 代理再加密

【定义 1:代理再加密方案[1,2]】 代理再加密(Proxy Re-Encryption, PRE)表示为 5 元组($\vec{E}$,$\vec{D}$,RE,PKG,REKG):加密算法集合(Encryption Algorithm Set,$\vec{E}$)、再加密模块(Re-Encryption model,RE)、再加密密钥生成器(Re-Encryption Key Generator,REKG)、私钥生成器(Private Key Generator,PKG)和解密算法集合(Decryption Algorithm Set,$\vec{D}$)。

(1) 密钥生成 PKG(λ)→(pk,sk):输入安全参数 λ,密钥生成算法 PKG 为用户输出公钥和私钥对(pk,sk),如发送者(Sender)的公钥/私钥对(pk_s,sk_s)和接收者的(Receiver)的公钥/私钥对(pk_r,sk_r)。

(2) 加密$\vec{E}$(pk,m)→CT:在加密阶段,发送者输入其公钥 pk_s 和明文 m,输出对应的密文 CT。

(3) 解密$\vec{D}$(sk_s,CT)→m:输入发送者的私钥 sk_s 和密文 CT,输出消

息 m，这是通常的公钥加解密算法执行过程。

(4) 再加密密钥生成 REKG(pk_s，sk_s，pk_r，sk_r^*)→$rekey_{s\to r}$：输入发送者的公钥/私钥对(pk_s，sk_s)和接收者的(Receiver)的公钥/私钥对(pk_r，sk_r)，生成再加密密钥 $rekey_{s\to r}$。sk_r^* 表示接收者不需要在再加密密钥的生成过程中泄漏自己的私钥。

(5) 再加密 RE($rekey_{s\to r}$，CT)→CT_r：输入再加密密钥 $rekey_{s\to r}$ 和密文 CT，输出再加密密文 CT_r。

根据上述代理再加密机制的工作原理，可以将其应用于安全的网络文件存储，而且还存在如下潜在应用[2]：①安全的文件系统，这是对代理再加密的自然应用。通过加密存储文件的内容并存储在不可信的文件服务器上，数据的机密性可以得到保证，而且不可信的服务器可以在不知道明文本身的情况下分发加密的文件。②半可信的访问控制服务器。如果把加密文件内容的密钥以明文的形式直接存放在访问控制服务器上，那么访问控制服务器必须是完全可信的，而如果将密钥经过主密钥的加密存放在服务器上，并利用代理加密方法转发相应的密钥，那么访问控制服务器可以是半可信的。③加密邮件过滤的外包，这个工作可以由授权的邮件服务商过滤加密的邮件。随着主动提供邮件的增多，以及反过滤技术的快速发展，越来越多的小型企业无法过滤出无用的垃圾邮件，因此将加密邮件的过滤外包给专业的邮件服务商成为潜在的应用市场。

4.2 密码学基础和数学难题

1. 双线性对

假设 G_1 和 G_2 是两个次数为 p 的乘法循环群。如果 g 是 G_1 的一个生成元，e 是一个对称的双线性对 $e: G_1 \times G_1 \to G_2$，满足下列特性：

(1) 双线性对(Bilinearity)：对所有的元素 $u,v \in G_1$ 和 $a,b \in Z_q^*$，下列等式成立：

① $e(u^a, v^b) = e(u,v)^{ab} = e(u^b, v^a)$

② $e(u_1 + u_2, v) = e(u_1, v)e(u_2, v)$

(2) 非退化性(Non-degeneracy)：存在 $u,v\in G_1$，如果 $e(u^a,v^b)=1_{G_2}$，那么 $u\in G_1$，$v=O$，如果 g 是 G_1 的生成元，那么 $e(g,g)$ 是 G_2 的生成元。

(3) 可计算性(Computability)：G 上的群操作以及双线性对 $e:G_1\times G_1\to G_1$ 是计算有效的。

2. 数学难题

基于双线性对的密码学方案也存在相应的数学难题，如以下部分难题描述。

(1) 可计算的 Diffie-Hellman 问题(CDH Problem，CDHP)：随机选择 $a,b\in Z_q^*$，已知 (g,g^a,g^b)，计算 g^{ab} 是不可能的。

(2) 可决定的 Bilinear Diffie-Hellman 问题(DBDH Problem，DBDHP)：随机选取 $a,b,c\in Z_q^*$，$R\in G_2$，已知 (g,g^a,g^b,g^c,R)，判断 $e(g,g)^{abc}=R$ 是困难的。

4.3 基于代理再加密的访问控制增强

基于服务提供者再加密机制的基本系统架构，如图 4.2 所示，涉及三个实体：数据拥有者(Data Owners，DO)、数据库服务提供者(Database Service Provider，DSP)、数据请求者(Data Requester，DR)。为了在提出的架构中实现由不可信的数据库服务提供者进行灵活的访问控制增强管理，下面将逐个说明每个实体在该架构中需要完成什么功能。

数据拥有者(DO)：可以是一个企业或个人，将自己的数据库或数据委托给数据库服务提供者管理、维护和用户查询响应。他需要完成如下 4 个任务。

(1) 私钥生成。数据拥有者为每个能够通过系统认证的合法用户生成私钥，该功能由图 4.2 中的私钥生成器 PKG 实现。实际上 PKG 为每个合法用户生成一对密钥，分别为：公钥(Public Key，PK)和私钥(Private Key or Secret Key，SK)。为了描述清晰，用用户名字第一个字母的大写作为密钥的下标，以表示该密钥属于该下标表示的用户，如 $(\mathrm{pk}_A,\mathrm{sk}_A)$ 表示用户 Alice 的密钥对。

(2) 再加密密钥生成。数据拥有者为每个通过系统认证的用户生成唯一的一个再加密密钥(Re-Encryption Key,re-key),该功能由图 4.2 中的再加密密钥生成器 REKG 实现。每个合法用户的再加密密钥被存储在授权表 USER-RE-KEY 中,该表会以一种安全的方式传送给数据库服务提供者。

(3) 授权表内容设计。数据拥有者根据系统的访问控制策略以及模块 REKG 的输出定义授权表的内容。主要有两个授权表,分别为 USER-RE-KEY 和 USER-COUNTER。授权表 USER-RE-KEY 用来存储每个合法用户及其对应的再加密密钥,而授权表 USER-COUNTER 用来存放一个合法用户根据系统的访问控制策略可以访问的元组标识。

(4) 第一次加密执行。从加密算法集合$\vec{E}$中选取一个有效算法 E_i,负责第一次加密的执行。将 E_i 作用于数据拥有者的源数据库,将其转换成保护数据隐私的密文数据库形式。为了提高密文数据库的可用性,这里采用行加密粒度。并给每个元组附加额外的信息,以帮助合法用户很容易获得密文元组的密钥,但是 DSP 却不知道元组密钥的任何信息。

数据库服务提供者:数据库服务提供者可以是任何专业的数据库公司,负责用户的查询响应、灵活的访问控制策略更新以及常规的维护和管理任务。他需要实现以下两个任务。

(1) 授权表维护。数据库服务提供者可以根据数据拥有者的实际要求通过标准的 SQL 语句灵活地更新授权表。为了避免授权表中的再加密密钥 RE-KEY 在传输过程中被泄漏,可以采用任何一种公钥加密的方式保护 RE-KEY 的传输。

(2) 第二次加密执行。第二次加密由再加密(Re-Encryption,RE)模块实现,用来实现对不同合法用户的授权访问数据的选择访问控制。选择访问控制主要通过使用授权表 USER-RE-KEY 中不同合法用户的 RE-KEY 对委托的密文元组执行第二次加密实现。

客户或数据请求者:数据请求者可以是 PDA、手机或其他任何电子设备。主要实现以下两个任务。

(1) 查询转换实现。查询转换就是将用户的查询通过正确的密钥和辅助信息转换成一种保护隐私的查询形式,然后将其提交给数据库服务提供者。

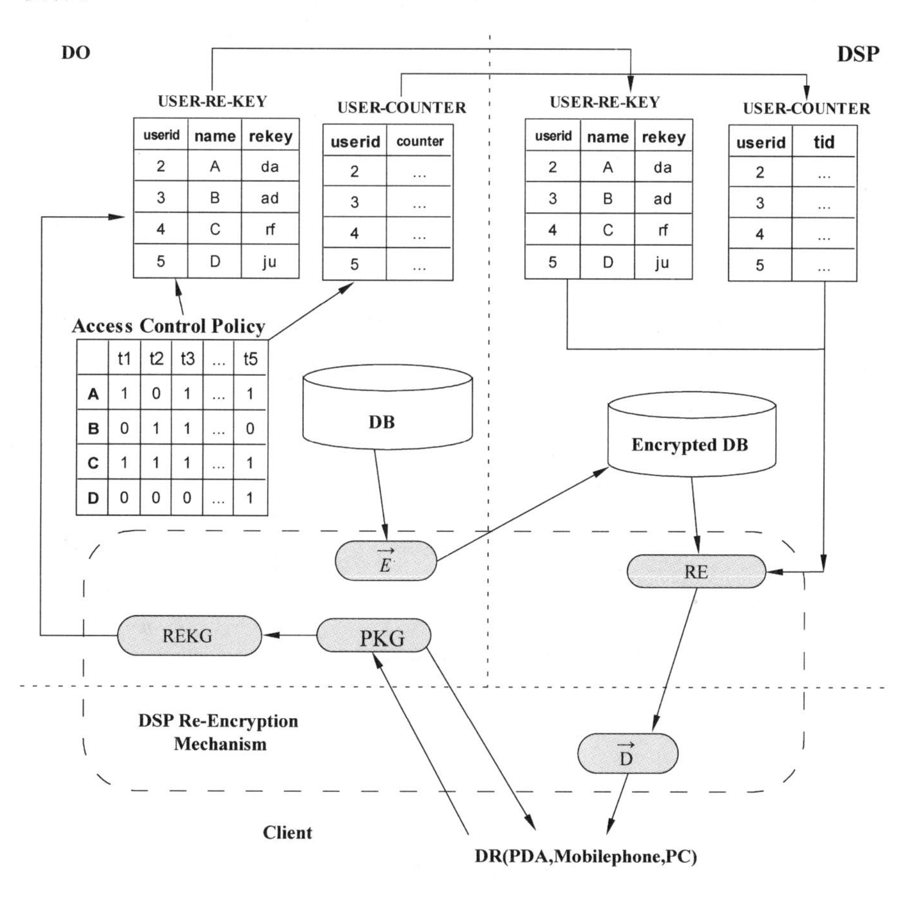

图 4.2　基于代理再加密的访问控制增强系统结构

(2) 解密执行。数据请求者将接收到的授权密文和自己的私钥作为解密算法 $D_i, D_i \in \vec{D}$的输入实现授权密文解密。

4.3.1　服务提供者再加密机制

【定义 2：DSP 再加密机制】 服务提供者再加密机制(即 DSP 再加密机制)，如图 4.3 所示，由 5 个组件构成：加密算法集合($\vec{E}$)，再加密模块(RE)，再加密密钥生成器(REKG)，私钥生成器(PKG)和解密算法集合

($\vec{D}$)。允许 DSP 将一个密文 c_m 加密成不同的再加密密文 rc_m。c_m 是信息 m 在数据拥有者的公钥加密下的密文，rc_m 则是密文 c_m 在再加密密钥 $rek_{DO\rightarrow user}$ 下加密的密文。

在我们的方法中，假设 m 可以是任何明文数据，如元组或密钥，E_1 是选定的第一次加密算法，$E_1 \in \vec{E}$，D_1 是对应于 E_1 的解密算法，$D_1 \in \vec{D}$。在输入 pk_{DO} 和 m 时，算法 E_1 输出密文 c_m。在输入密文 c_m 和再加密密钥 $rek_{DO\rightarrow user}$ 时，算法 RE 可以生成访问控制增强的再加密密文 rc_m。rc_m 只能在指定的合法用户的私钥 sk_{user} 和算法 D_1 作用下被解密成信息 m。下面依次引入图 4.3 中 5 个组成部分的功能。

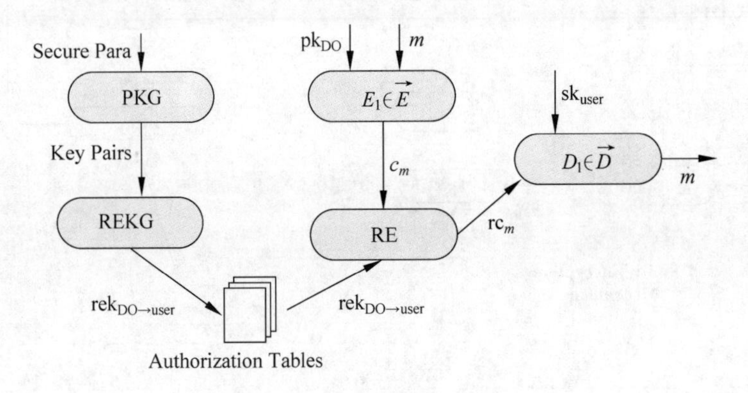

图 4.3 代理再加密机制

(1) 密钥对生成器(PKG)、加密算法集合($\vec{E}$)、解密算法集合($\vec{D}$)。通过输入安全参数 1^k，PKG 为合法用户输出密钥对(pk_{user}，sk_{user})。如为用户 Alice 产生密钥对、加密算法 E_1 和解密算法 D_1 的用法可以表示为如下形式：

$$PKG(1^k) \rightarrow (pk_A, sk_A)$$

$$E_1(pk_{DO}, m) \rightarrow c_m$$

$$D_1(sk_{user}, rc_m) = m$$

(2) 加密密钥生成器(REKG)。通过输入密钥对(pk_{DO}，sk_{DO}，pk_{user}，sk_{user})，加密密钥生成器 REKG 可以为合法用户生成再加密密钥 $rek_{DO\rightarrow user}$。

如为任何合法用户 user 生成的再加密密钥可以表示为如下形式：

$$\mathrm{REKG}(pk_{DO}, sk_{DO}, pk_{user}, sk_{user}) \rightarrow rek_{DO\rightarrow user}$$

(3) 再加密模块 RE。再加密模块在输入再加密密钥 $rek_{DO\rightarrow user}$ 和密文 c_m 时，输出访问控制增强的再加密密文 rc_m。再加密模块对密文的访问控制增强可以表示为如下形式：

$$\mathrm{RE}(rek_{DO\rightarrow user}, c_m) \rightarrow rc_m$$

4.3.2 第一次加密

在数据库服务场景中，一般认为 DSP 对委托数据内容是不可信的或 DSP 本身就是内部攻击者，因此数据拥有者在将数据委托给 DSP 之前，需要先将重要而且敏感的数据信息转换成保护隐私的形式以避免数据隐私泄漏。这种转换在我们的方法中采用第一次加密实现。下面首先给出第一次加密的定义。

【定义 3：第一次加密】 第一次加密 E_1 由 DO 执行，它表示源数据库 R 中的任何一个元组 t_i 或选取的任何随机密钥 $randk_i$ 在 DO 的公钥 pk_{DO} 的作用下可以被加密成对应的密文。

$$\mathrm{DO}: E_1(pk_{DO}, t_i) \rightarrow c_{t_i}: \mathrm{DSP}$$

$$\mathrm{DO}: E_1(pk_{DO}, randk_i) \rightarrow c_{randk_i}: \mathrm{DSP}$$

例如，表 4.1 表示证券信息表(Stocks)，表 4.2 是其对应的加密关系表(Encrypted-Stocks)。从这两个表可以看到，它们具有相同的行数。id 属性表示密文元组的唯一标识。ekey 属性列只需要在多加密密钥方法(Multi-Encryption Key approach，MultiEK 方法)中引入，而不需要在单加密密钥方法(One Encryption Key approach，OneEK 方法)中引入。etuple 属性是将第一次加密算法作用于源数据库的元组而得到的对应的密文元组。密文元组在公钥加密方法(Public Key Encryption approach，PKE 方法)中采用 DO 的公钥 pk_{DO} 加密生成，而在多加密密钥方法中采用随机加密密钥 $randk_i$ 加密生成。ind_j 属性是额外的索引信息以提高密文数据库的查询效率。一般来说，明文数据库中任何具有下面模式：

$$R(A_1, \cdots, A_n)$$

表 4.1 证券信息表

userid	name	stockid	number	buyprice	curprice
1021	Tina	601234	500	5.0	8.3
1022	Krsa	026543	100	17.2	15.3
1023	Mary	632108	600	45.0	46.0
1024	Smile	001234	1000	25.38	20.8
1025	Haha	002436	200	80.38	100.8
1026	Zhaya	600654	800	38.0	42.8
1027	Moon	060753	1000	26.2	20.8

的关系 r,在第一次加密的作用下生成一个具有下面模式:

$$R^k(\text{id},\text{ekey},\text{etuple},\text{ind1},\cdots,\text{ind}n)$$

的关系 r^k。

表 4.2 密文证券信息表

id	ekey	etuple	ind1	ind2
1	c_{randk1}	c_{t_1}	abcd020	thjks20
2	c_{randk2}	c_{t_2}	abcd100	thjks60
3	c_{randk3}	c_{t_3}	abcd600	thjks300
4	c_{randk4}	c_{t_4}	abcd060	thjks800
5	c_{randk5}	c_{t_5}	abcd080	thjks1000
6	c_{randk6}	c_{t_6}	abcd110	thjks1100
7	c_{randk7}	c_{t_7}	abcd150	thjks1200

4.3.3 授权表

存在以下两个授权表需要被创建,分别为:USER-RE-KEY 和 USER-COUNTER。

(1) USER-RE-KEY(userid,name,re-key)。表 USER-RE-KEY 中的每个元组对应一个合法用户的信息,如用户标识(userid),姓名(name),再

加密密钥(re-key)。rekey 属性的值只能由 DSP 使用,并根据授权表对授权的密文元组再次加密。系统的每个用户都具有一个唯一的用户标识,即用户标识(userid)属性的值不能重复。姓名(name)属性的值可以重复。对每个用户都有唯一的一个再加密密钥,即再加密密钥(re-key)属性的值是不能重复的。

(2) USER-COUNTER(userid,tid)。表 USER-COUNTER 中存放着每个用户被授权访问的元组标识和用户标识之间的对应关系,如元组标识(tid)和用户标识(userid)。

数据拥有者将这两个授权表以一种安全的方式委托给 DSP。安全的传输方式,如在 DSP 公钥保护下传输或通过安全信道传输。为了详细描述 DSP 对访问控制的增强,在图 4.4(a)中给出了对应于表 4.1 的授权表 USER-RE-KEY,其中假设 100801 是用户 Mike 的标识,100802 是用户 Jack 的标识等。在图 4.4(b)中给出了授权表 USER-COUNTER,该表根据图 4.5 的访问授权矩阵列出了一个用户被授权访问的所有元组。例如,根据表 USER-COUNTER 中的第一行知道标识为 100801 的用户可以访问元组 $t1$,$t3$,$t5$,$t6$,在实际的 USER-COUNTER 表中每个授权访问元组占用一行。

userid	name	rekey
100801	Mike	dxvsd
100802	Jack	csvr
100803	Kate	cvt56
100804	Jone	cg7hs
100805	Mary	drth7

(a) USER-RE-KEY

userid	tid
100801	1,3,5,6
100802	2,3,4,6,7
100803	1,5
100804	4
100805	3,6,7

(b) USER-COUNTER

图 4.4　授权表信息

元组 用户	$t1$	$t2$	$t3$	$t4$	$t5$	$t6$	$t7$
Mike	1	0	1	0	1	1	0
Jack	0	1	1	1	0	1	1
Kate	1	0	0	0	1	0	0
Jone	0	0	0	1	0	0	0
Mary	0	0	1	0	0	1	1

图 4.5　访问授权矩阵

4.4 基于代理再加密的访问控制增强

【定义 4：访问控制增强管理】 DSP 可以充分利用图 4.4 中的授权表和再加密算法 RE 增强对授权密文元组的选择访问控制。

图 4.6 是 DSP 处的访问控制增强管理过程，其中每一阶段的工作具体如下。

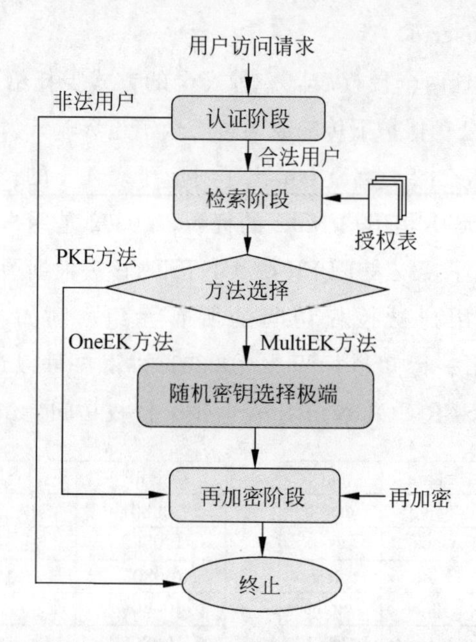

图 4.6 DSP 处的访问控制增强管理过程

(1) 认证阶段(Verification Phase)。认证阶段主要是认证请求访问数据的用户是否是合法用户，如果是合法用户，就继续下一步操作，而如果认证失败，则直接转到终止(Terminate)阶段。

(2) 检索阶段(Retrieving Phase)。检索阶段主要是在 USER-RE-KEY 表中的 userid 等于请求用户的标识 req-userid 的条件下，从表 USER-RE-KEY 中获取唯一的 RE-KEY 值到变量 var-re-key 中，具体的 SQL 语句如下。

```
SELECT rekey INTO var - re - key
    FROM user - re - key
    WHERE userid = req - userid
```

然后，在同样的条件下，从表 USER-COUNTER 中将属性 tid 的值取到记录集合 rectid 中。这允许一个授权用户根据他的实际权限访问授权的元组，具体的 SQL 语句如下。

```
SELECT tid INTO rectid
  FROM user - counter
WHERE userid = req - userid
```

(3) 随机密钥生成阶段(Random Key Generation Phase)。随机密钥生成阶段只在我们之后提出的单个加密密钥方法 OneEK 和多个加密密钥 MultiEK 中使用。这个阶段的主要功能就是使用一个随机生成器为每个请求的合法用户生成一个随机密钥 e'。

(4) 再加密阶段(Re-Encryption Phase)。根据检索阶段取得的结果 varre key 和 rectid，对记录集 rectid 中的每个 tid，从表 4.2 中的属性列 etuple 取出所有满足条件的密文元组 c_{t_i}，并按照如下方法增强取出的密文元组：

$$\mathrm{RE}(\mathrm{var}-\mathrm{rekey}, c_{t_i}) \rightarrow \mathrm{rc}_{t_i}$$

这个阶段的操作在 OneEK 方法和 MultiEK 方法中有所不同，后面会讲到其具体的用法。例如，假设 Mike 和 Jack 分别提交查询，想从 DSP 处检索他们被授权访问的元组。即使他们对元组 t_3 具有相同的访问权限，DSP 也需要使用他们各自的 rekey，如 Mike 的再加密密钥 $\mathrm{rek}_{DO\rightarrow M}$，Jack 的再加密密钥 $\mathrm{rek}_{DO\rightarrow J}$，对授权访问的元组分别进行如下的选择访问授权增强操作。

$$\mathrm{DSP}: \mathrm{RE}(\mathrm{rek}_{DO\rightarrow M}, c_{t3}) \rightarrow \mathrm{rc}_{t_3}^1 : \mathrm{Mike}$$

$$\mathrm{DSP}: \mathrm{RE}(\mathrm{rek}_{DO\rightarrow J}, c_{t3}) \rightarrow \mathrm{rc}_{t_3}^2 : \mathrm{Jack}$$

通过上面的计算过程以及再加密算法的特性知道，rc_{t3}^1 只能用 Mike 的私钥 sk_M 才能正确地被解密，而 rc_{t3}^2 只能用 Jack 的私钥 sk_J 才能正确地被解密。

4.4.1 公钥加密方法

公钥加密方法(PKE 方法)就是将 DSP 再加密机制直接应用于数据库服务模式中的方法。具体地说,就是数据所有者 DO 使用他的公钥 pk_{DO}加密表 4.1 中的每一个元组,表 4.2 就是相应的加密后的密文表。属性 etuple 的值就是对应表 4.1 中的每个元组加密后的密文值。而 DSP 对密文元组的选择授权增强过程如图 4.6 所示。

从图 4.4(b)中的 USER-COUNTER 表可以知道,用户 Kate 被授权访问的元组为 t_1 和 t_5。从表 4.2 中知道 c_{t_1} 和 c_{t_5} 分别是元组 t_1 和 t_5 在 DO 的公钥加密下对应的密文元组。DSP 通过使用再加密密钥 $rek_{DO \to K}$和再加密模块 RE 来增强密文元组的选择访问授权,表示为如下形式:

$$\text{DSP}: \text{RE}(rek_{DO \to K}, c_{t_1}) \to rc_{t_1}: \text{Kate}$$

$$\text{DSP}: \text{RE}(rek_{DO \to K}, c_{t_5}) \to rc_{t_5}: \text{Kate}$$

经过第二次加密,也就是用再加密模块增强访问控制授权后,只有 Kate 用他的私钥 sk_{Kate}和解密算法 D_1 才能解密经过访问控制增强的元组 rc_{t_1} 和 rc_{t_5},而分别得到对应的元组 t_1 和 t_5。

$$\text{Kate}: D_1(sk_{Kate}, rc_{t_1}) \to t_1$$

$$\text{Kate}: D_1(sk_{Kate}, rc_{t_5}) \to t_5$$

即使系统的合法用户 Jone 在通信信道上非法获得了 rc_{t_1} 和 rc_{t_5},他仍然不能正确解密并获得真实的元组 t_1 和 t_5,除非他窃取了 Kate 的私钥 sk_{Kate}。

$$\text{Jone}: D_1(sk_{Jone}, rc_{t_1}) \to t1' \neq t_1$$

$$\text{Jone}: D_1(sk_{Jone}, rc_{t_5}) \to t5' \neq t_5$$

然而,PKE 方法存在一些缺点,因为当加密大量数据时,非对称加密算法的速度远远低于对称加密算法的速度。虽然 PKE 方法的使用很简单,并能由 DSP 正确地实现选择授权增强,但是在实际的大数量数据库应用中不实际。因此,为了充分利用对称加密的优点,将在后继的两个改进的方法中在第一次加密中引入对称加密算法实现对大量数据的加密。

4.4.2 单加密密钥方法

在单加密密钥方法(OneEK 方法)中,引入了另外一对对称加密算法:对称加密算法(SE)和对称解密算法(SD)。对称算法需要在发送者和接收者之间共享同一个密钥。OneEK 方法在两个阶段不同于 PKE 方法,分别是:随机密钥生成阶段和再加密阶段。

下面分别从 DO,DSP 和 DR 不同的操作来描述 OneEK 方法。

DO 随机选择一个对称加密密钥 e,用 e 分别加密表 4.1 中的元组,并把相应的密文元组依次存入表 4.2 中的 etuple 属性列的相应行。如通过使用算法 SE 和对称密钥 e,表 4.1 中第 t_i 行的元组 t_i 被加密成表 4.2 中对应的第 i 行的元组 c_{t_i},表示为:

$$\text{DO}:\text{SE}(e,t_i)\rightarrow c_{t_i}:\text{DSP}$$

DO 除了将经过隐私处理后的密文数据库发送给 DSP 外,还需要同时将下面额外的附加值

$$\text{DO}:E_1(\text{pk}_{\text{DO}},e)\rightarrow c_e:\text{DSP}$$

传送给 DSP,以便合法用户可以在后继的访问中正确地获得授权访问数据的密钥。

DSP 存储 c_e 并为合法授权用户提供授权访问元组的密钥。当用户提交查询给 DSP 时,DSP 需要执行下面两个不同的阶段以实现不同合法用户的选择访问授权增强。

(1) 随机密钥生成阶段:DSP 选择另一个不同于密钥 e 的随机密钥 e',并再次加密用户被授权访问的密文元组。如通过使用算法 SE 和密钥 e',密文元组 c_{t_i} 被转换成密文 c'_{t_i},表示为:

$$\text{DSP}:\text{SE}(e',c_{t_i})\rightarrow c'_{t_i}:\text{user}$$

(2) 再加密阶段:使用合法用户的公钥 pk_{user} 和算法 E_2 加密 e' 为 $c_{e'}$,以便于合法用户可以安全地获得密钥 e',表示为:

$$\text{DSP}:E_2(\text{pk}_{\text{user}},e')\rightarrow c_{e'}:\text{user}$$

同时 DSP 使用再加密密钥 $\text{rek}_{\text{DO}\rightarrow\text{user}}$ 将 c_e 再加密成 rc_e,表示为:

$$\text{DSP}:\text{RE}(\text{rek}_{\text{DO}\rightarrow\text{user}},c_e)\rightarrow \text{rc}_e:\text{user}$$

当接收到需要的信息后,DR 首先使用他的私钥 sk_{user} 和解密算法 D_2

解密 $c_{e'}$，获得 e'。然后 DR 使用密钥 e' 和解密算法 SD 解密 c'_{t_i}，获得 c_{t_i}。之后 DR 使用他的私钥 sk_{user} 和解密算法 D_1 获得加密密钥 e。最后 DR 通过加密密钥 e 和解密算法 SD 获得真正想访问的明文 t_i，表示为如下推导过程：

$$\text{user}: D_2(\text{sk}_{\text{user}}, c_{e'}) \rightarrow e'$$

$$\text{SD}(e', c'_{t_i}) \rightarrow c_{t_i}$$

$$\text{user}: D_1(\text{sk}_{\text{user}}, \text{rc}_e) \rightarrow e$$

$$\text{SD}(e, c_{t_i}) \rightarrow t_i$$

然而，这个方法也有缺点，就是单个数据加密密钥的泄漏可能导致整个数据库泄漏给外部的攻击者。这在实际应用中是应该尽量避免的，因此，我们用提出的 MultiEK 方法来解决这个问题。

4.4.3 多加密密钥方法

从图 4.6 中的执行流程知道，多加密密钥方法（MultiEK 方法）像 OneEK 方法一样需要同样的执行阶段。不过，DO 和 DSP 在具体的操作上存在以下不同。

第一个不同在第一次加密部分，MultiEK 方法为每个元组 t_i 生成一个随机密钥 randk_i，而不是为所有的元组生成同一个随机密钥 e。在 MultiEK 方法中，虽然加密密钥的数量像元组的个数一样多，但是却不需要复杂的密钥分发过程，只需要在相应的密文表中添加 ekey 属性列。

DO 为每个元组 t_i 随机选择一个加密密钥 randk_i，并利用算法 SE 将元组 t_i 加密成相应的密文元组 c_{t_i}，如表 4.2 中的第 i 行。然后 DO 利用算法 E_1 将 randk_i 加密为密文 c_{randk_i}，并存放在表 4.2 中 ekey 属性列的第 i 行。上述过程表示为：

$$\text{DO}: \text{SE}(\text{randk}_i, t_i) \rightarrow c_{t_i} : \text{DSP}$$

$$\text{DO}: E_1(\text{pk}_{\text{DO}}, \text{randk}_i) \rightarrow c_{\text{randk}_i} : \text{DSP}$$

DSP 可以像 OneEK 方法一样做访问控制授权增强，除了有以下的不同：为委托的密文 c_{randk_i} 做以下操作：

$$\text{DSP}: \text{RE}(\text{rek}_{\text{DO}\rightarrow\text{user}}, c_{\text{randk}_i}) \rightarrow \text{rc}_{\text{randk}_i} : \text{user}$$

MultiEK 方法不仅具有 OneEK 方法的优点，而且避免了 OneEK 方法中的密钥泄漏引发的安全问题。MultiEK 方法还具有密钥分发简单的优点，即使每个元组都具有各自不同的密钥。总地来说，提出的 MultiEK 方法可以像在客户/服务器模式中的工作一样有效，由服务器承担大量的计算工作，而客户端只承担少量的计算工作。因此 MultiEK 方法适用于存储和计算能力有限的轻型客户端。

4.4.4　动态的策略更新

主要有三种策略更新操作：插入或删除一个用户，插入或删除一个资源，授权或撤销一个授权。之前提出的方法在策略更新时，需要先使用旧的密钥解密委托的元组，然后再使用新的密钥加密元组并发送给服务提供者。然而，我们提出的方法只需要数据所有者修改授权表并请求服务提供者通过调用标准的 SQL 语句更新相应的授权表。这允许数据拥有者的访问控制策略被及时更新，并因此大大减少了数据通信带来的消耗和高带宽要求。我们的方法在进行策略更新时，服务提供者不必要做大量的计算去推导用户或元组的新密钥，而只需要数据拥有者为新用户计算一次再加密密钥。授权表的内容在数据拥有者和服务提供者处是同步的，下面分别说明了当三种不同的策略变化时，授权表的具体操作和变化。

1. 插入或删除一个用户

当插入一个新用户 u 时，DO 首先用 REKG 算法为用户 u 生成再加密密钥 $rek_{DO\to u}$，然后使用标准的 SQL 语句在表 USER-RE-KEY 中插入一条包括用户 u 基本信息和 $rek_{DO\to u}$ 的元组，如图 4.4(a)所示。

例如，假设新用户是 Tutu，用户编号为 100806，那么 DO 做如下操作为用户 Tutu 生成再加密密钥 rekey。

$$\mathrm{REKG}(pk_{DO}, sk_{DO}, pk_T, sk_T) \to rek_{DO\to T}$$

然后，DO 使用下面的标准 SQL 语句更新本地和 DSP 处的 USER-RE-KEY 授权表：

```
INSERT INTO USER-RE-KEY(userid,name,rekey)
VALUES(100806; Tutu",rek_{DO→T})
```

当删除一个用户 u 时，DO 只需要请求 DSP 从表 USER-RE-KEY 中删除包含用户 u 信息的一行，并从表 USER-COUNTER 中删除所有满足下面条件的元组：表中用户的编号和要删除用户的编号相等。

例如，假设要删除的用户是 Mike，用户编号为 100801，那么 DO 和 DSP 分别执行如下标准 SQL 语句实现该功能。

```
DELETE FROM USER-COUNTER
WHERE userid = 100801
```

通过执行上述 SQL 语句，分配给用户 Mike 的所有访问权限都从表 USER-COUNTER 中被删除，然后执行语句：

```
DELETE FROM USER-RE-KEY
WHERE userid = 100801
```

通过执行上述 SQL 语句，用户编号为 100801 的用户 Mike 从表 USER-RE-KEY 中被删除。经过上述操作后，用户 Mike 不能再访问 DO 委托的数据库。

2. 插入或删除一个资源

在我们的方法中假设操作的资源是元组，不过，操作的资源很容易扩展到对象资源，如表或视图。当插入一个元组时，DO 可以在不需要更新策略，也就是授权表的情况下加密元组并将密文元组发送给 DSP。当删除一个元组时，DO 只需要请求 DSP 删除授权表 USER-COUNTER 中所有满足下面条件的元组：表中元组的编号等于要删除元组的编号，然后对本地的授权表 USER-COUNTER 做同样的操作。

例如，假设要删除的元组为 t_5，那么 DO 和 DSP 执行如下操作：

```
DELETE FROM user-counter
WHERE tid = t5
```

3. 授权或撤销一个授权

给定用户和元组，我们的方法中，任何授权和撤销只需要 DO 请求 DSP 从委托的授权表中插入或删除相应的元组。具体就是 DSP 从表 USER-COUNTER 中或向表 USERCOUNTER 中删除或插入所有满足下面条件的元组：表中的元组编号等于指定元组编号。DO 执行同样的本地操作实现该功能。

4.5 存在的挑战和研究展望

PRE 机制结合某种访问控制机制如自主访问控制，使得基于云存储的密文数据可以在第三方半可信的条件下，实现安全的细粒度的访问控制，但依然存在如下研究挑战。

(1) 半可信第三方权利滥用。虽然将 PRE 和不同的访问控制策略融合，可以有效支持外包密文数据上细粒度的访问控制，但是这些机制过度依赖半可信第三方对用户访问权限的验证和根据访问权限的密文转换，造成访问权限集中，容易导致查询信息的不完备性，如 DSP 的非法密文转换。

(2) PRE 在分布式数据库中的应用。随着移动互联网、物联网等的蓬勃发展，数据的来源多样化、异构化，不同本地数据库中采用的基于 PRE 的访问控制如何相互控制对于来自异构数据库数据的访问授权，同时保证数据的隐私保护本地化，即不能被中间访问节点获悉用户数据，但是可以基于密文进行访问授权。

(3) PRE 的执行效率问题。PRE 属于公钥加密机制，对于大数据的加密存在执行效率低的问题，如一般是对称加密算法的 1/2 或 1/3 等，因此采用当前的 PRE 方案实现基于大数据、流数据上的访问控制存在极大的挑战，需要在 PRE 执行过程中，融合对称加密算法以实现大规模数据的加密处理，同时保证其加密密钥的正确访问授权。

参考文献

[1] Blaze M, Bleumer G, Strauss M. Divertible protocols and atomic proxy cryptography, Proc. of EUROCRYPT1998, LNCS, vol. 1403, Springer, Heidelberg, 1998: 127-144.

[2] Ateniese G, Fu K, Green M, et al. Improved proxy re-encryption schemes with applications to secure distributed storage. Proc. of the 12th Annual Network and Dis-

tributed System Security Symposium,2005:29-44.
[3] Green M,Ateniese G. Identity-based proxy re-encryption. Proc. of ACNS 2007, LNCS, vol. 4521, Springer, Heidelberg, 2007: 288-306, Full version: Cryptology ePrint Archieve: Report 2006/473.
[4] Canetti R,Hohenberger S. Chosen-ciphertext secure proxy re-encryption. Proc. of the 14th ACM Conference on Computer and Communications Security,ACM New York,NY,USA,2007:185-194.
[5] Libert B,Vergnaud D. Unidirectional chosen-ciphertext secure proxy reencryption. Proc. of PKC 2008,LNCS,vol. 4939,Springer,Heidelberg,2008:360-379.
[6] Fang L,Susilo W,Wang J. Anonymous conditional proxy re-encryption without random oracle. Proc. of ProvSec 2009. LNCS, vol. 5848, Springer, Heidelberg, 2009:47-60.
[7] Shao J,Cao Z. CCA-secure proxy re-encryption without pairings, Proc. of PKC 2009,LNCS,vol. 5443,Springer,Heidelberg,2009:357-376.
[8] Weng J,Deng R H,Chu C,et al. Conditional proxy re-encryption secure against chosen-ciphertext attack. Proc. of the 4th International Symposium on ACM Symposium on Information, Computer and Communications Security (ASIACCS 2009),2009:322-332.
[9] Weng J,Chen M,Yang Y,et al. CCA-secure unidirectional proxy re-encryption in the adaptive corruption model without random oracles. SCIENCE CHINA Information Sciences. Express,2010 53(3):593-606.
[10] Fang L M,Susilo W,Ge C P,et al. Hierarchical conditional proxy re-encryption. Computer Standards & Interfaces,2012,(34):380-389.
[11] Jun Shao. Anonymous ID-Based Proxy Re-Encryption. Information Security and Privacy. LNCS 7372,2012:364-375.
[12] Tian Xiuxia,Huang Ling,Wu Tony,et al. CloudKeyBank: Privacy and Owner Authorization Enforced Key Management Framework. IEEE Transactions on Knowledge and Data Engineering(IEEE TKDE),DOI:10. 1109/TKDE. 2015.
[13] Tian Xiuxia,Huang Ling,Wang Yong,et al. DualAcE: fine-grained dual access control enforcement with multi-privacy guarantee in DaaS. Security and Communication Networks,Article first published online: 9 SEP 2014,2015,8(8):1494-1508.
[14] Tian Xiuxia,Sha Chaofeng,Wang Xiaoling,et al. DSP Re-encryption Based Access Control Enforcement Management Mechanism in DaaS. International Journal of Network Security,2013,15(1):28-41.
[15] Tian Xiuxia,Wang Xiaoling,Zhou Aoying. ReACE: A Novel Re-encryption Based Access Control Enforcement Management Mechanism in DaaS. Journal of Computational Information Systems,2012,8 (8) : 3221- 3228.
[16] Chen Zhenhua,Li Shundong,Guo Yimin,et al. A Limited Proxy Re-Encryption

with Keyword Search for Data Access Control in Cloud Computing. Network and System Security,LNCS8792,2014:82-95.

[17] Tian Xiu-Xia, Wang Xiao-Ling, Zhou Ao-Ying. DSP RE-Encryption A Flexible Mechanism for Access Control Enforcement Management in DaaS, The Second International Conference on Cloud Computing(CLOUD2009),2009:25-32.

第5章

基于密码提交协议的访问控制增强

为了避免数据拥有者成为服务瓶颈,需要在服务提供者处对数据拥有者的访问控制策略进行增强。而且为了提高密文数据库的可用性,对委托数据的隐私保护一般采用根据访问控制策略的选择加密实现。然而,在开放的网络环境中,授权对资源访问的决策总是基于请求者的特征属性而不是其身份,因为身份的泄漏将有可能被滥用,造成严重个人伤害,因此绝大多数用户不愿冒险去做一些可能泄漏身份隐私的事情。因此数据库服务中访问控制在服务提供者处的增强,需要保证不同隐私需求的增强,如考虑委托数据的选择授权访问、用户的身份隐私、数据拥有者的策略隐私等需求。

我们提出了一个应用于数据库服务模式的保护隐私的选择授权增强机制,实现了在数据库服务提供者端增强数据库拥有者的访问控制策略,同时也保证了用户身份和委托访问控制策略的隐私。该机制利用密码学中被证明是无条件隐藏的 Pedersen 协议来保证用户身份属性的隐私;分别用根据访问控制策略的选择加密和根据委托访问控制策略的选择加密来增强数据库拥有者端和数据库服务提供者端的选择访问授权;利用根据委托访问控制策略设计的访问控制策略多项式安全正确地分发增强密钥给合法的授权用户。最后,从不同的角度详细地分析了提出机制的安全性。

5.1　密码提交协议

【定义 1：Pedersen 提交协议】　Pedersen 提交协议由 Pedersen 提出。假设存在一个可信的第三方为 CA，选择一个次数为大素数 q 的有限循环群 G_q，q 足够大以使得 G_q 上可计算的 Diffie-Hellman 是难题。Pedersen 提交协议主要包括以下三个阶段。

(1) 初始化(Setup)。CA 选择 g 和 h 作为群 G_q 的两个生成元，以至没有人能够计算 $\log_g h$。也就是说，根据 g 很难解决 h 的离散对数问题，如很难找到 x 使得 $h=g^x$。生成的系统参数 params$=<G_q,q,g,h>$可以公开，但不会泄漏任何秘密。

(2) 提交(Commit)。提交者，提交一个值 $x\in Z_q$ 给 CA。CA 随机选择一个 $r\in Z_q$，并计算协议值 $c(x,r)=g^x h^r$，$c(x,r)=G_q$。Z_q 是一个具有 q 个元素的有限域，如$\{0,1,2,\cdots,q-1\}$。为了打开协议值，CA 需要将生成的 c，x 和 r 在合法授权用户注册时安全地发送给他。

(3) 打开(Open)。用户 DR 可以使用 x 和 r 打开协议值 c，但不会泄漏任何关于 x 隐私值的信息。用户 DR 通过验证等式 $c(x,r)=g^x h^r$ 验证 x 的正确性和完备性。

Pedersen 提交协议被证明是无条件隐藏的，也就是说，即使攻击者具有无限的计算能力，他也不可能从截获的协议值 c 推导出秘密信息 x。Pedersen 提交协议可以用来隐藏用户的身份属性值或一些秘密信息值。

5.2　数学难题

Diffie-Hellman 是一种确保共享密钥 KEY 在不安全网络上安全传输的方法。Whitefield 与 Martin Hellman 在 1976 年提出的密钥交换协议，称为 Diffie-Hellman 密钥交换协议/算法(Diffie-Hellman Key Exchange/Agreement Algorithm)。该机制使得安全通信双方可以用这个方法协商对称密钥 KEY。然后可以用这个密钥 KEY 进行加密和解密。密钥交换协议/算法只能用于密钥的交换，而不能进行消息的加密和解密。

1. 离散对数

给定一个素数 p 和有限域 Z_q 上的一个本原元 a，对 Z_q 上整数 b，寻找唯一的整数 c，使得 $a^c \equiv b(\bmod p)$。一般情况下，如果仔细选择 p，则认为该问题是难解的，且目前还没有找到计算离散对数问题的多项式时间算法。为了抵抗已知的攻击，p 是 150 位的十进制整数，且 $p-1$ 至少有一个大的素数因子。

2. 双线性对

假设 G_1 和 G_2 是两个次数为 p 的乘法循环群。如果 g 是 G_1 的一个生成元，e 是一个对称的双线性对 $e: G_1 \times G_1 \rightarrow G_2$，满足下列特性：

(1) 双线性对(Bilinearity)：对所有的元素 $u, v \in G_1$ 和 $a, b \in Z_q^*$，下列等式成立：

① $e(u^a, v^b) = e(u, v)^{ab} = e(u^b, v^a)$

② $e(u_1 + u_2, v) = e(u_1, v)e(u_2, v)$

(2) 非退化性(Non-degeneracy)：存在 $u, v \in G_1$，如果 $e(u^a, v^b) = 1_{G_2}$，那么 $u \in G_1, v = O$，如果 g 是 G_1 的生成元，那么 $e(g, g)$ 是 G_2 的生成元。

(3) 可计算性(Computability)：G 上的群操作以及双线性对 $e: G_1 \times G_1 \rightarrow G_1$ 是计算有效的。

3. 数学难题

基于双线性对的密码学方案也存在相应的数学难题，如以下部分难题描述。

(1) 可计算的 Diffie-Hellman 问题(CDH Problem，CDHP)：随机选择 $a, b \in Z_q^*$，已知 (g, g^a, g^b)，计算 g^{ab} 是不可能的。

(2) 可决定的 Bilinear Diffie-Hellman 问题(DBDH Problem，DBDHP)：随机选取 $a, b, c \in Z_q^*$，$R \in G_2$，已知 (g, g^a, g^b, g^c, R)，判断 $e(g, g)^{abc} = R$ 是困难的。

5.3　基于密码提交协议的访问控制增强

如图5.1所示，系统中存在三个实体，数据库拥有者(DO)，数据请求者(DR)和数据库服务提供者(DSP)。DO负责数据元组的第一次加密(First Encryption，FirEnc)、身份属性和身份条件属性标识的生成以及委托访问控制策略的生成。DSP负责密文元组的第二次加密(Second Encryption，SecEnc)和访问控制策略多项式的生成(Access Control Policy Polynomial，ACPP)。DR负责DR在DO处的合法注册，增强密钥(Enforcing-key)的推导以及增强元组和密文元组的解密。

DO：可信数据库的实际拥有者，主要需要完成下列任务。

(1) 元组的第一次加密(FirEnc)。在加密密钥和加密算法(AES或DES)的作用下，源数据库中的元组根据访问控制策略(Access Control Policy，ACP)被加密成相应的密文元组。每个加密密钥用来加密ACP中具有相同身份属性条件的所有元组，因此不同的加密密钥将代表不同的访问授权或角色。而且加密密钥由DO以安全的方式直接分发给具有相应授权的用户。

(2) 身份属性和身份属性条件标识的生成。DO用属性标识生成器(Attribute Token Generator，ATG)为合法DR生成属性标识(Attribute Token，AT)和属性条件标识(Attribute Condition Token，ACT))。为了安全，在生成标识的过程中，DR需要提供他的由可信证书机构(Certification Authority，CA)认证的身份属性。AT和ACT是使用Pedersen提交协议(Pedersen Commitment)为DR生成的电子身份格式，同时被存入用户访问控制信息表(User Access Control Information，UserACI)。

(3) 委托访问控制策略(Delegated Access Control Policy，DACP)的生成。DACP由两个组件构成：ACP和UserACI。ACP由不同的身份属性条件列表(Identity Attribute Condition List，IACL)构成，UserACI则是按一定格式存储AT和ACT的表。IACL中的身份属性基于比较谓词(＜，≤，＞，≥，＝，≠)。

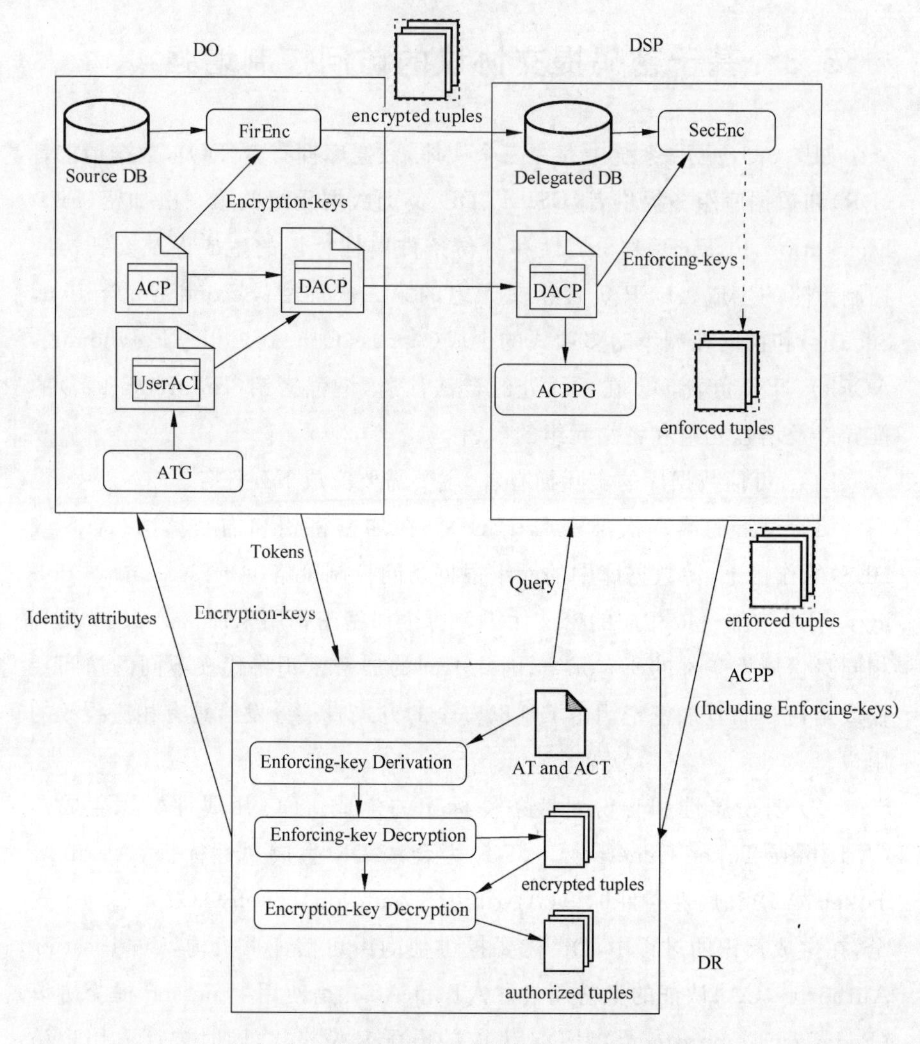

图 5.1 基于密码提交协议的访问控制增强

DSP：一个专业的数据库公司，通常负责用户查询响应和访问控制增强，需要完成下面两个任务。

(1) 密文元组的第二次加密(Second Encryption，SecEnc)。在增强密钥和加密算法(AES 或 DES)的作用下，密文元组根据委托的访问控制策略 DACP 被加密成相应的增强元组。每个增强密钥用来加密具有相同身份属性条件的密文元组，因此不同的增强密钥代表不同的访问授权，也就是说，通过引入增强密钥，数据库拥有者的ACP根据委托的DACP得到进一步增强。然而，在这个操作过程中，数据库服务提供者并不知道DR的身份隐私，如身份属性值和身份属性条件值。

(2) 访问控制策略多项式(Access Control Policy Polynomial，ACPP)的生成。为了使得只有授权DR才能够正确地推导增强密钥，我们引入了ACPP，它由访问控制策略多项式生成器(ACPPG)生成。

DR：PDA、PC、移动电话或任何其他电子设备，需要完成如下两个任务。

(1) 在DO处的合法注册。在注册阶段，DR需要将他的由CA认证的属性证书提交给DO。如果属性证书是非法的或被攻击者篡改过，DO能够验证证书被篡改，并拒绝该DR的注册请求。否则DO接受DR的注册请求，根据DR属性证书中的身份属性生成AT，并根据DR身份属性在ACP中满足的相应身份属性条件生成ACT。最后，DO将相应的encryption-keys，AT，ACT和需要的参数以安全的方式分发给被认证为合法的授权用户DR。

(2) 增强密钥的推导。合法授权用户DR可以根据自己所拥有的AT和ACT从ACPP正确地推导出需要的授权enforcing-keys。

(3) 增强元组和密文元组的解密。想访问DO授权元组的DR需要完成两个步骤：一个步骤是使用从ACPP推导出的enforcing-key解密增强元组，获得相应的密文元组，另一个步骤就是使用从DO直接获得的encryption-key解密上个步骤得到的密文元组，获得来自数据拥有者的真实数据元组。

DO将他的数据库和访问控制策略委托给DSP后，DSP将承担起根据委托访问控制策略DACP响应DR合法授权访问的责任。DO和DR之间的交互主要发生在DR初始注册阶段和DR从DO系统中被注销时。

5.3.1 访问控制策略及加密密钥

1. 访问控制策略

为简单起见，假设DRs对委托数据库的访问是只读的。因此，用一个访问矩阵表示自主访问控制策略,控制授权用户对委托数据的读访问。如假设 AC 是系统中属性条件的集合,T 是委托表中元组的集合。授权可以表示成如图 5.2 所示的访问矩阵 A。有 6 个属性条件,如{AC1,AC2,AC3,AC4,AC5,AC6},以及 10 个元组,如{$t1$,$t2$,$t3$,$t4$,$t5$,$t6$,$t7$,$t8$,$t9$,$t10$},其中每个属性条件 ACi 一行,ACi∈AC,一个元组 ti 一列,ti∈T。

	t1	t2	t3	t4	t5	t6	t7	t8	t9	t10
AC1	0	0	1	0	0	1	0	0	1	1
AC2	0	0	1	0	1	1	0	0	0	0
AC3	0	0	0	1	0	0	1	1	0	0
AC4	1	1	0	1	0	0	1	1	0	0
AC5	0	0	0	0	1	0	1	1	0	1
AC6	0	0	1	0	0	1	0	0	1	1

图 5.2 访问矩阵示例

【定义 2:属性条件(attribute-condition)】 简化为 attr-cond,具有形式 attr-name op attr-val。其中,属性名 attr-name 是 DR 身份属性的名字,attr-val 是 attr-name 域中任何合法的值,op 是取自集合{>,≥,<,≤,=,≠}中的关系操作符,如属性条件 age>30,role=doctor 等。

【定义 3:授权(authorization)】 同一般的授权 authorization 定义一致,我们方法中的授权具有形式(s,o),不过,s 是属性条件 attribute-condition 的与操作,如 attr-cond1 ∧ attr-cond2 ∧ … ∧ attr-condn,o 是委托表中的一个元组。只有 DR 的身份属性满足所有指定的 attr-conds 时,他才能访问指定的授权元组。

例 1:下面的授权

(role="doctor" ∧ age>30,t5)

表示,一个角色是医生,年龄大于 30 的用户 DR 被授权可以访问元组 t5。

不同的授权可以应用于同一个元组,或相同的授权应用于不同的元组。因此,下面引入身份属性条件列表(Identity Attribute Condition List,IACL)和属性条件能力列表(Attribute Condition Capability List,ACCL)

的定义。

【定义 4：身份属性条件列表(IACL)】 元组 t 的 IACL 是指可以访问元组 t 的授权的集合，表示为如下形式：

$$IACL(t)=\{authorization_1,\cdots,authorization_n\}$$

例 2：根据图 5.2 所示，元组 $t3$ 的 IACL 如下：

$$IACL(t3)=\{<AC1,t3>,<AC2,t3>,<AC6,t3>\}$$

可以简化为：

$$IACL(t3)=\{AC1,AC2,AC6\}$$

【定义 5：属性条件能力列表(ACCL)】 AC_i 的 ACCL 是指 DR 能够访问元组的集合，其中 DR 的身份属性满足指定的属性条件 AC_i，$i\in$ attr-set，attr-set 是身份属性的集合，表示为如下形式：

$$ACCL(AC_i)=\{tuple_1,tuple_2,\cdots,tuple_n\}$$

例 3：根据图 5.2 所示，元组 AC_4 的能力列表如下：

$$ACCL(AC_4)=\{t1,t2,t4,t7,t8\}$$

根据上面 IACL 和 ACCL 的定义知道，不同的元组可能具有相同的 IACL，如元组 t1 和 t2，t3 和 t6 的 IACL 可以分别表示为如下形式：

$$IACL(t1,t2)=\{AC4\}$$

$$IACL(t3,t6)=\{AC1,AC2,AC6\}$$

【定义 6：访问控制策略(Access Control Policy，ACP)】 系统的访问控制策略由不同的 IACL 构成。

例 4：图 5.2 中访问矩阵对应的访问控制策略如下：

$$IACL_1(t1,t2)=\{AC4\}$$

$$IACL_2(t3,t6)=\{AC1,AC2,AC6\}$$

$$IACL_3(t2)=\{AC3,AC4\}$$

$$IACL_4(t5)=\{AC2,AC5\}$$

$$IACL_5(t7,t8)=\{AC3,AC4,AC5\}$$

$$IACL_6(t9)=\{AC1,AC6\}$$

$$IACL_7(t10)=\{AC1,AC5,AC6\}$$

2. 加密密钥

encruption-key 是对称加密算法 FirEnc 中用到的加密密钥。DO 生成

l 位加密密钥 encruption-key 的集合，并为 ACP 中每个不同的 IACL_i 分配一个取自密钥集合中的 encruption-key。也就是说，对 ACP 中的每个 IACL_i，DO 从集合 K 中选择一个相应的加密密钥 k_i，所有满足 IACL_i 中身份条件属性的元组都用密钥 k_i 加密。

例 5：假设对称密钥集合 $K=\{k_1,k_2,k_3,k_4,k_5,k_6\}$。对例 4 定义的 ACP 中每个不同的 IACL_i，分配一个相应的对称密钥 $k_i \in K$，并用 k_i 加密所有满足 IACL_i 中身份属性条件的元组，如用 $k_1 \in K$ 加密满足 IACL($t1$, $t2$)中身份属性条件的所有元组，用 $k_2 \in K$ 加密满足 IACL($t3$,$t6$)中身份属性条件的所有元组，其他的 encruption-key 分配同上。

5.3.2 数据拥有者处的注册

每个想访问 DSP 处委托数据库的用户 DR，都需要在 DO 处注册，并在注册时提交由可信权威机构认证的属性证书。一旦 DR 通过了 DO 的身份认证，DO 需要使用属性标识生成器（Attribute Token Generator，ATG）为 DR 生成身份属性标识（Identity Attribute Token，AT）和身份属性条件标识（Identity Attribute Condition Token，ACT）。身份属性标识根据 DR 证书中的身份属性生成，而属性条件标识则根据 ACP 中身份属性满足的条件生成。

1. 身份属性标识

为了保护用户的身份隐私，在我们的方法中，DO 用 ATG 为 DR 提交的每个可能的身份属性生成 AT。ATG 的主要组件包括 Pederson 提交协议、身份属性转换、匿名处理。ATG 具体的工作步骤如下。

(1) ATG 通过执行 Pedersen 提交协议的 Setup 阶段生成系统参数 parms=$<G_q,q,g,h>$，并公开 parms。Pedersen 提交协议的 Setup 阶段可以只执行一次，除非最初选择的素数 q 已经不足以保证系统安全。

(2) ATG 将 DR 提交的身份属性使用身份转换算法转换成 Z_q 中的值 x，$x \in Z_q$。

(3) ATG 通过执行 Pedersen 提交协议的 Commit 阶段为 $x \in Z_q$ 生成相应的协议值。也就是，随机选择 $r \in Z_q$，计算 $x \in Z_q$ 的协议值 $c=g^x h^r$。

(4) ATG为每个不同的DR分配唯一的匿名ID-nym，该匿名可以在后继的授权访问中标识合法授权DR。

ATG计算AT后，DO将为attr-name生成的AT＝＜ID-nym，attr-name，c，s＞发送给请求用户DR。其中，s是DO为ID-nym，attr-name和c生成的签名，用来保证它们的完整性。同时，DO也将x和r以安全的方式发送给DR，以便DR进行后继的保护隐私的授权访问。

例6：假设用户DR，想获得他属性work-age的AT，需要先将他的属性证书提交给DO。首先，DO启动ATG功能，将work-age转换成一个值$x \in Z_q$，假设根据DR的工作年限推导出$x=18$；然后，DO通过计算$g^x h^r$生成协议值c，其中$r=357$是随机选择的；最后，DO为Mike命名唯一的匿名ID-nym＝sn-10080524。因此生成的AT是：

AT＝＜sn－10080524，work-age，678578，134495767787656＞

其中，$s=134495767787656$是为ID-nym＝sn-10080524，attr-name＝work-age和$c=678578$生成的签名。同时，ID-nym＝sn-10080524，$c=678578$和$r=357$发送给Mike以便进行后继的保护隐私的授权访问。

上述生成的身份属性标识只能保证DRs的身份隐私，然而，ACP中的身份属性条件也需要被保护以有效预防包括DSP在内的内外攻击者。因此，接下来将描述如何为ACP中DR满足的身份属性条件生成相应的身份属性条件标识(ACT)。

2. 身份属性条件标识

为了保护ACP中用户DR身份属性所满足的属性条件隐私，DO需要根据DR提交的属性证书，在ACP中找到属性证书中属性所对应的身份属性条件，并为其生成相应的ACT。ATG生成ACT的具体步骤如下。

(1) ATG不需要再产生新的系统参数，只需要使用AT阶段生成的系统参数parms＝＜G_q，q，g，h＞。

(2) ATG在ACP中查找DR的身份属性所满足的所有属性条件attribute-condition，然后，ATG为每个身份属性条件计算其身份属性值和attribute-condition中常量值的差值。

(3) ATG将计算的差值$d=x-x_c$通过转换算法转换成一个属于Z_q

的值，$x_d \in Z_q$，x 是身份属性值，x_c 是 attribute-condition 中的常量值。

(4) ATG 为差值 $d=x-x_c$ 生成协议值，也就是随机选择 $r_d \in Z_q$，并为值 $x_d \in Z_q$ 计算 $c_d=g^d h^{r_d}$。

ATG 计算上述 ACT 后，DO 将为属性条件 attribute-condition 生成的 ACT＝＜ID-nym，attr-name，c_d，s_d＞发送给 DR。s_d 是 ID-nym，attr-name 和 c_d 的签名，用来保证它们的完整性。同时，DO 将 c_d 发送给 DR 以便进行后继的授权访问。

例 7：假设一个叫 Mike 的用户 DR，在 DO 处注册时将他的属性证书提交给 DO。首先，DO 启动 ATG 功能，将属性 work-age 的值转换成一个属于 Z_q 的值，$x \in Z_q$，假设根据 DR 的工作年限推导出 $x=18$，那么 $d=x-x0=18-5=13$，然后，DO 计算 $g^d h^{r_d}$ 生成协议值 c_d，其中 $r_d=153$。生成的身份属性条件标识为：

ACT＝＜sn－10080524，work-age，315675，34568894524878＞

$s_d=34568894524878$ 是为 ID-nym＝sn-10080524，attr-name＝work-age 和 $c_d=315675$ 生成的签名。同时，ID-nym＝sn-10080524 和 $c_d=315675$ 被发送给 Mike 以便进行后继的保护隐私的授权访问。

3. 标识的合并

为了节省通信消耗，可以合并上述两个标识的发送过程，以下面的形式

T＝＜sn－10080524，work-age，678578，315675，21497633434143＞

同时发送两个标识，其中，678578 是为属性 work-age 值 18 生成的协议值，315675 则是为属性条件 work-age＞5 生成的协议值，21497633434143 则是 ID-nym＝sn-10080524，attr-name＝work-age，$c_d=678578$ 和 $c_d=315675$ 的签名，保证传送数据的完整性。同时协议对＜c，c_d＞的值＜678578，315675＞被存储到表 UserACI 中，如图 5.3(b)所示。

5.3.3 委托的访问控制策略及选择授权增强

实现 DSP 处保护隐私的选择授权增强需要完成如下三个操作。

(1) 委托的访问控制策略(DACP)在 DO 处的生成。DO 根据 DR 提交的属性证书和系统的访问控制策略 ACP 生成 DACP，并将 DACP 委托给

ACP	tuple-key
IACL1	$t1,t2$
IACL2	$t3,t6$
IACL3	$t4$
IACL4	$t5$
IACL5	$t7,t8$
IACL6	$t9$
IACL7	$t10$

(a)PolicyTuple table

ID-nym	work-age>5	role=doctor	role= physican	basic-sal >2800	basic-sal <2800	...	AC
sn-1008 0012	...	<966518, 746246>	<457856, 451237>	<124448, 245456>	...	...	IACL1
sn-1008 0524	<678578, 315675>	<223492, 245435>	...	<348720, 154644>	...	...	IACL2,IACL6
sn-1008 6543	<376567, 467374>	...	<873478, 256779>	...	<478523, 757564>	...	IACL6,IACL7
sn-1008 9812	...	...	<436611, 345236>	<685587, 267756>	...	...	IACL1,IACL3, IACL5
...	...	...	...	...	...	...	...

(b) UserACI table

图 5.3　委托的访问控制策略(DACP)

DSP 进行选择增强。

(2) 根据 DACP 的增强密钥选择。当 DR 提交查询时，DSP 根据 DACP 选择增强密钥 enforcing-keys，并通过 ACPP 分发 enforcing-keys 给 DR。

(3) 根据 ACPP 的增强密钥分发。DSP 将选择的增强密钥 enforcing-keys 通过 ACPP 安全正确地分发给指定的授权用户 DR。

1. DACP 在 DO 处的生成

委托的访问控制策略(Delegated Access Control Policy，DACP)由两个组件组成：一个是图 5.3(a)的 PolicyTuple 表，另一个是图 5.3(b)的 UserACI 表。这两个表都在 DO 处生成，并以安全的方式委托给 DSP 管理和维护。

图 5.3(a)的 PolicyTuple 表根据上述的 ACP 被推导出，由两列构成，一列是 IACL 在 ACP 中的序号，另一列是元组关键字。UserACI 表的内容描述如下。

(1) 在 UserACI 表中，每行对应一个不同用户 DR，每列对应 ACP 中不同的属性条件。用户 DR 可以根据不同的身份属性注册多次，但是同一个用户 DR 只分配唯一一个匿名 ID-nym。

(2) UserACI 表中的每个单元是相应身份属性和身份属性条件协议值对。由于 Pedersen 提交协议对属性值和属性条件值的保护是无条件安全的，DSP 不能从 UserACI 表推导出任何真实的属性值和属性条件值。

当 DR 提交查询时，只有他拥有的 AT 和 ACT 同时满足 UserACI 表中的协议值对时，该 DR 才能从 ACPP 推导出正确的 enforcing-key，否则访问失败。

例：假设有 4 个或多于 4 个的用户 DR 在 DO 处注册，DO 为他们不同属性值或属性条件值生成的协议值对保存在如图 5.3(b)所示的 UserACI 表中。例如，匿名用户 sn-10080012 根据三个属性和相应的属性条件，role＝doctor，role＝physican ro 和 basic-sal＞2800，在 DO 注册处。DO 根据这些提交的属性计算它们的协议值。对属性条件 role＝doctor，假设为属性 doctor 值生成的协议值是 966518，那么为属性条件 role＝doctor 生成的协议值是 746246。其他单元协议值对的含义同此。

2. 根据 DACP 的增强密钥选择

增强密钥 enforcing-keys，是用在算法 SecEnc 中的对称密钥，被用来根据 DACP 实现选择授权增强。DSP 为授权用户 DR 的每次访问随机选择一个 enforcing-key，如 ek_i，再次加密满足 $IACL_i$ 中身份属性条件的所有元组。

例：根据图 5.3 中的 DACP，假设 $EK=\{ek_1, ek_2, \cdots, ek_n\}$是增强密钥的集合。如果一个查询涉及属性 role ＝ doctor 和 basic-sal＞2800，那么 DSP 选择 $ek_i \in EK$ 为匿名用户 sn-10080012 再加密满足 IACL1 中身份属性条件的所有密文元组。根据图 5.3(a)中的 PolicyTuple 表，可以知道能够访问的元组为 t_1, t_2, t_3, t_6, t_9。

3. 根据 ACPP 的增强密钥分发

不同于 Zou 等提出的访问控制多项式方法，我们构建了一个新颖的访问控制策略多项式(Access Control Policy Polynomial,ACPP)。DSP 可以根据 DACP 中 DR 的注册协议值对,通过设计相应的 ACPP 为授权用户 DR 分发相应的增强密钥 enforcing-key。下面给出 ACPP 的定义。

【定义 7:访问控制策略多项式(ACPP)】 是一个具有变量 $y \in Z_q$ 的多项式,并具有如下形式:

$$\mathrm{ACPP}(y) = \prod_{i \in M, j \in N} (y - H(c_{i,j} \mid\mid \cdots \mid\mid c_{i,n}, \mathrm{rand}))$$

其中,M 是 UserACI 表中行的集合,N 是 UserACI 表中列的集合。M 为 $M=\{1,2,\cdots,m\}$,N 为 $N=\{1,2,\cdots,n\}$。$c_{i,j}=c \oplus c_d$ 是 c 异或 c_d 的结果,c 和 c_d 是 UserACI 表中第 i 行第 j 列(i,j)的协议值对$<c,c_d>$。c 是用户证书中身份属性对应的协议值,c_d 是 ACP 中相应身份属性条件的协议值。$H(\cdot)$是一个抗冲突的哈希函数。$\mid\mid$是一个连接符号,$c_{i,j} \mid\mid \cdots \mid\mid c_{i,n}$表示注册的不同身份属性以及身份属性条件协议值的连接。rand 是 DSP 选择的随机值,$\mathrm{rand} \in Z_q$。根据上面的等式知道,只有能够正确计算 $y = H(c_{i,j} \mid\mid \cdots \mid\mid c_{i,n}, \mathrm{rand})$的用户,才能使得 ACPP$(y)$等于 0 成立。

DSP 计算下面的表达式,并将 rand 和 $\mathrm{ACPP}_{\mathrm{ek}}(y)$以安全的方式发送给请求用户 DR。

$$\mathrm{ACPP}_{\mathrm{ek}}(y) = \mathrm{ACPP}(y) + \mathrm{ek}$$

DR 则通过计算下面的式子推导增强密钥 enforcing-key,如 ek。

$$\mathrm{ek}' = \mathrm{ACPP}_{\mathrm{ek}}(\mathrm{H}(c_{i,j} \mid\mid \cdots \mid\mid c_{i,n}, \mathrm{rand}))$$

其中,$i \in M$。如果 DR 是一个合法用户,并具有等式中需要的协议值,那么 $\mathrm{ek}'=\mathrm{ek}$。否则,ek′并不是真正的 ek。换句话说,该 DR 可能是一个攻击者或没有权限访问他要求访问元组的恶意用户。

例:假设用户 DR 提交的查询是:

```
SELECT * FROM patients
WHERE role = doctor AND basic - sal > 2800
```

根据图 5.3(b)知道,匿名用户 sn-10080012 和 sn-10080524 都注册了同样的身份属性和身份属性条件,如 role = doctor 和 basic-sal>2800。因此根据 UserACI 表中的协议值对,DSP 计算 $\mathrm{ACPP}_{\mathrm{ek}}(\mathrm{y})$如下:

$$\mathrm{ACPP}_{\mathrm{ek}}(y) = (y - H(c_{1,2} \mid\mid c_{1,3} \mid\mid c_{1,4}, \mathrm{rand}))$$

$$\times(y-H(c_{2,1}||c_{2,2}||c_{2,4},\text{rand}))+\text{ek}$$

其中，$c_{1,2}=966518\oplus 746246$，$c_{1,3}=457856\oplus 451237$，$c_{1,4}=124448\oplus 245456$，$c_{2,1}=678578\oplus 315675$，$c_{2,2}=223492\oplus 245435$ 和 $c_{2,4}=348720\oplus 256779$。最后，DSP 将 $\text{ACPP}_{\text{ek}}(y)$和 rand 发送给用户 DR。

当用户 DR 收到 $\text{ACPP}_{\text{ek}}(y)$和 rand 后，做如下两个操作获得正确的增强密钥 ek。

如果他是匿名用户 sn-10080012，则计算 $y=H(c_{1,2}||c_{1,3}||c_{1,4},\text{rand})$，否则如果是匿名用户 sn-10080524，则计算 $y=H(c_{2,1}||c_{2,2}||c_{2,4},\text{rand})$。

如果计算的值 y 使得$(y-H(c_{1,2}||c_{1,3}||c_{1,4},\text{rand}))$或者$(y-H(c_{2,1}||c_{2,2}||c_{2,4},\text{rand}))$等于 0，那么 DR 则可以得到正确的增强密钥 ek。否则，该 DR 不能从 $\text{ACPP}_{\text{ek}}(y)$推导出增强密钥 ek。

从上述整个查询提交和查询响应过程知道，DSP 不知道哪个用户提交了查询，也不知道哪个用户能够正确地推导 ek，因为 DSP 只是根据属性名，而不是属性值计算和发布 $\text{ACPP}_{\text{ek}}(y)$。

5.3.4 安全性

1. 委托的访问控制策略安全

DACP 的内容不会泄漏 DR 的任何隐私信息给 DSP，因为根据 ACP 和 DR 属性证书设计的 DACP 满足以下三个保护隐私的安全特性。

(1) 保护隐私的访问控制策略。身份属性和身份属性条件以非明文的形式显示。enforcing-key，只是根据用户的身份属性名而不是身份属性值实现访问控制增强。DR 能够根据 ACPP 正确地推导出需要的 enforcing-key。

(2) DR 的身份属性值和身份属性条件值的隐私。AT 和 ACT 的引入使得用户的身份属性值和身份属性条件值对除所有者之外的任何人是不可见的。因此 DSP 除了知道协议值对外，对身份属性值和身份属性条件值一无所知。

(3) 保护隐私的选择授权增强。DSP 能够根据 DACP 保护隐私地增强 ACP，因为 DSP 只知道属性条件名字和授权访问元组之间的关系，如属性条件 AC3，AC4，AC5 名字和元组 t_4,t_5,t_7,t_8,t_{10} 相关。也就是，DSP 可以根据 DACP 加密授权访问的密文元组以进一步增强 DO 委托的访问控制策略。

为了保证 DR 的隐私，在图 5.3(b)中只存放了身份属性和身份属性条件的协议值对，而没有相应的属性值和属性条件值。协议值不会泄漏身份值的任何信息，因为 DSP 不知道 DO 随机选择的用来隐藏身份属性值的 rs。为了保证访问控制策略的隐私，DR 可以注册除了必要的属性之外的任何其他属性和属性条件。因此，DSP 仅根据属性名不能推导和指定 DR 满足哪些属性和属性条件。例如，一个具有角色 doctor 的用户可以注册其他属性 nurse 或 physican。当 DR 提交查询时，DSP 将返回属于三个角色的所有元组。然而只有属于角色 doctor 的元组才能够在增强密钥 enforcing-key 和加密密钥下得到正确的解密。

2. 加密密钥和增强密钥安全

下面将根据攻击者对 DSP 的攻击、恶意用户对合法用户的攻击和联合攻击三个方面来分析增强密钥的安全性。

(1) 攻击者对 DSP 的攻击。对于想获得 enforcing-key 的攻击者，只有他们具有三个等式的知识时，才能正确地获得 ek。具体来说就是下面三个知识：①为 DR 注册的属性和属性条件协议值；②DSP 选择的随机值 rand；③正确地计算所有可能注册的属性条件协议值的 XOR 操作。例如，假设 DR 有两个注册的属性，外部攻击者，就是想正确获得 ek 的攻击者，需要考虑这两个属性和几乎所有属性条件的组合猜测 ek。正确获得等式的概率是($1/q^2+1/q^4$)。其中，q 是足以抵抗强劲攻击的大素数，猜测域 Z_q 中任何一个值的机会均等。从两个注册属性的概率知道，由于大素数 q 使得成功攻击的概率很低，并且攻击成功的概率随着可能注册属性的增加而降低，因此在实际应用中，DR 可以选择注册多个额外属性来避免攻击者的猜测攻击。

(2) 恶意用户对合法用户的攻击。对于想访问未授权元组的恶意攻击者，他们能够通过通信线路截获 DSP 发送给授权用户的 $ACPP_{ek}$，并强行执行 $ACPP_{ek}=0$，获得方程的根，最后获得 $y=H(c_{i,1}||\cdots||c_{i,n},\text{rand})$。然而，根据哈希函数 $H(\cdot)$的特性，即使知道哈希值也不可能从中推导出

rand。因此攻击者或恶意用户也不可能推导出 ek,因为他们不知道提交查询 DR 注册的属性或属性条件协议值。由于 rand 是一个随机值,因此 $y=H(c_{i,1}||\cdots||c_{i,n},\text{rand})$对每次用户访问都有所不同,这导致攻击者需要不断攻击。

(3) 联合攻击。如果对 DSP 的恶意攻击者和对 DR 的恶意攻击者之间合谋攻击,假设他们不泄漏身份属性值和身份属性条件值,那么他们可以合谋获得 ek,但是他们并不能因此推导出其他用户的 ek。因此除了合谋用户的数据泄漏外,其他用户的委托数据依然是安全的。

3. 策略增强安全

提出的方法主要用来实现保护隐私的访问控制策略增强,因此下面将通过如图 5.4 所示的 5 种情况说明提出的方法是如何保证这一特性的。

在 DaaS 模式中,DSP 可能是不可信的或恶意的内部攻击者,因此 DO 需要保证委托数据的隐私和授权访问委托数据 DR 的隐私。委托数据的隐私总是通过使用对称加密算法和加密密钥加密原始数据实现的。只有具有正确加密密钥的用户才能正确地解密密文元组。因此 enforcing-key 经常用来反映访问控制策略,特别是 DO 的选择访问授权。也就是说,具有不同 enforcing-key 的用户被授予了不同的访问授权。在我们的方法中,enforcing-keys 反映了 DO 处的访问控制策略,并以安全的方式由 DO 直接分发给 DR,而 enforcing-keys 则反映了委托的访问控制策略 DACP,并通过多项式 $ACPP_{ek}$ 分发给授权用户 DR。通过上述对 DACP 的分析知道,DACP 不会泄漏用户任何的私有身份属性信息,因此授权用户 DR 的隐私得到保证。

(1) 第一种情况中 enforcing-key 是正确的。如图 5.4(a)所示,表示请求用户 DR 从 $ACPP_{ek}$获得了正确的 enforcing-key,并能使用 enforcing-key 正确地解密增强元组。然而,由于 DR 没有正确的 encryption-key,他依然不能访问委托的密文元组。例如,这个 DR 可能是一个攻击者或恶意的 DR,他不允许访问满足指定属性条件的密文元组。

(2) 第二种情况中 encryption-key 是正确的。如图 5.4(b)所示,表示即使请求用户 DR 具有正确的 encryption-key,他也不能访问委托的元组,因为他不能正确地推导 enforcing-key。例如，一个攻击者虽然窃取了 DO 发送给 DR 的 encryption-key，但是他没有 DR 注册的属性或属性条件协议值，因此该攻击者不能对委托的增强元组做任何破坏。

(3) 第三种情况中 encryption-key 和 enforcing-key 都是正确的。如图 5.4(c)所示，表示请求用户 DR 可以从 $ACPP_{ek}$ 获得正确的 enforcing-key 并解密增强元组。之后，DR 使用他直接从 DO 获得的 encryption-key 解密委托的密文元组。例如，一个得到 DO 授权的合法用户具有注册身份属性的所有可能协议值。

(4) 第四种情况中 encryption-key 和 enforcing-key 都是不正确的。如图 5.4(d)所示，表示请求用户 DR 不能访问委托的元组，因为他没有得到 DO 的授权，并且不知道任何身份属性协议值。例如，一个攻击者不知道任何信息如 $ACPP_{ek}$ 和 DACP。

(5) 第五种情况是委托的元组在两个密钥都正确的情况下不能被访问。如图 5.4(e)所示，表示 DSP 可能返回 DR 被授权访问的元组。这种情况主要是由用户任意注册的额外属性和属性条件引起的。额外注册的属性可能正好对应 DR 不能访问的元组。因此返回的未授权的元组可以进一步通过 encryption-key 得到过滤。

通过以上 5 种情况的分析，知道只有在图 5.4 中(c)和图 5.4(e)两种情况下，委托的元组或部分委托的元组可以被用户 DR 访问，然而，其他情况下访问都被拒绝。因此，我们的方法在 DACP 和 ACP 都满足的情况下有效地保护了委托元组的隐私。

5.4 存在的挑战和研究展望

将 Pedersen 密码提交协议结合自主访问控制，使得基于第三方存储的密文数据可以在第三方半可信的条件下，实现保护隐私的细粒度的访问控制，即不仅保护用户的身份属性值隐私，而且可以保护基于身份属性的条件隐私，不过还存在如下研究挑战。

(1) 条件表示局限性。将特定的属性值映射到满足 Pedersen 要求的素数空间，并将属性条件转换为和条件常量关联计算的值后再映射到 Ped-

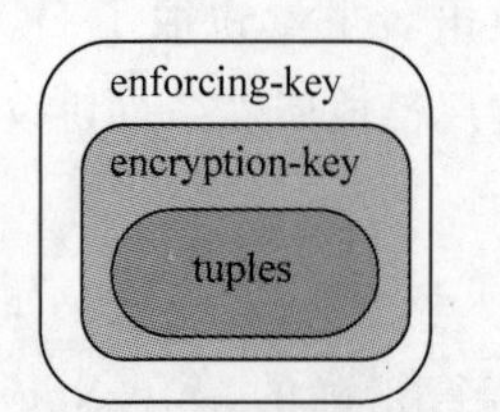

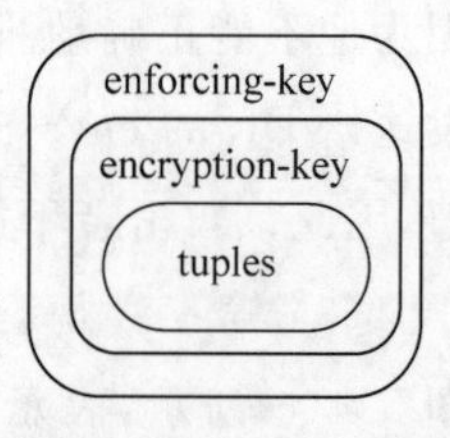

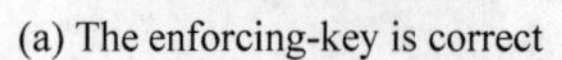

(a) The enforcing-key is correct (b) The encryption-key is correct (c) Both key are correct

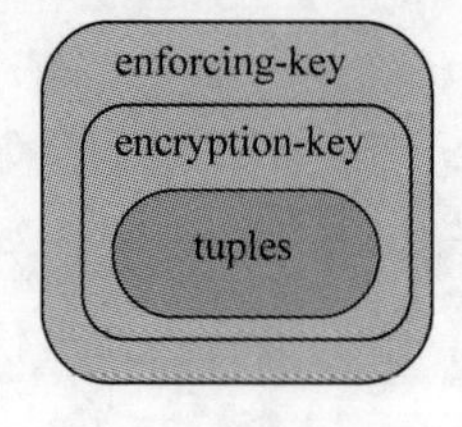

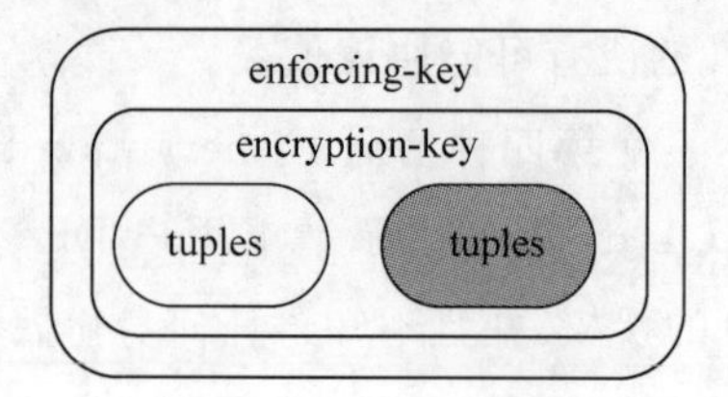

(d) Both key are incorrect (e) The tuples can't be accessed under both correct keys

图 5.4 解密元组的不同密钥关系

ersen 同一素数空间,可以有效保护基于用户身份属性的条件隐私,但是这也导致计算量和存储开销增加,如计算每个可能常量条件对应的属性值转换增加计算开销,不同的可能条件值存放在委托给第三方的访问控制策略表中增加了存储开销。

(2) 表示策略的局限性。主要是和自主访问控制策略融合实现基于身份的访问控制策略,在和基于角色的访问控制策略、强制访问控制策略融合时由于过多的角色值到特定素数域的转换而导致表达不灵活、转换困难问题,如基于角色的用户层次关系的表达、强制访问控制中上读下写的表达等。

参考文献

[1] Li J,Li N. OACerts:Oblivious attribute certificates. IEEE Transaction on Dependable and Secure Computing,2006,3(4):340-352.

[2] Zou X,Dai Y, Bertino E. A practical and flexible key management mechanism for trusted collaborative computing. In The 27th IEEE Conference on Computer Communications,2008:538-546.

[3] Shang N, Nabeel M, Paci F, et al. A privacypreserving approach to policy-based content dissemination. In Proc. of 26th ICDE Conf., 2010: 944-955.

[4] Damiani E, De Capitani di Vimercati S, Foresti S, et al. Selective Data Encryption in Outsourced Dynamic Environments. Electronic Notes in Theoretical Computer Science, 2007, 127-142.

[5] Menezes A, Vanstone S, Van P. Handbook of Applied Cryptography. Boca Raton, FL, USA: CRC Press, Inc., 1996.

[6] Pedersen T. Non-interactive and information-theoretic secure verifiable secret sharing. Proceedings of the 11th Annual International Conference on Advances in Cryptology. London, UK: Springer-Verlag, 1992: 129-140.

[7] Bertino E, Ferrari E. Secure and selective dissemination of XML documents. ACM Trans. Inf. Syst. Secur., 2002, 5(3): 290-331.

[8] Miklau G, Suciu D. Controlling access to published data using cryptography. In-Proc. of the 29th VLDB Conf., VLDB Endowment, 2003: 898-909.

[9] Goyal V, Pandey O, Sahai A, et al. Attributed-based encryption for fine-grained access control of encrypted data. Proceedings of the 13th ACM conference on Computer and communications security. New York, NY, USA: ACM, 2006: 89- 98.

[10] Hacigumus H, Iyer B, Mehrotra S. Providing database as a service. In Proc. of the 18th ICDE Conf., 2002: 29-38.

[11] Zych A, Petkovi M, Jonker W. Efficient key management for cryptographically enforced access control. Computer Standards and Interfaces, 2008, 30(6): 410-417.

[12] De Capitani di Vimercati S, Foresti S, Jajodia S, et al. A data outsourcing architecture combining cryptography and access control. In Proc. of the 1st Computer Security Architecture Workshop, Fairfax, VA, November 2007.

[13] De Capitani di Vimercati S, Foresti S, Jajodia S, et al. Over-encryption: management of access control evolution on outsourced data. In Proc. of the 33th VLDB Conf., Vienna, Austria, 2007: 123-134.

[14] De Capitani di Vimercati S, Foresti S, Jajodia S, et al. Preserving confidentiality of security policies in data outsourcing. In Proc. of the 7th ACM workshop on Privacy in the electronic society, 2008: 75-84.

[15] Bonatti P, Samarati P. A unified framework for regulating access and information release on the web. Journal of Computer Security, 2002, 10(3): 241-272.

第6章

基于密文策略属性集合加密的访问控制增强

在数据库服务模式中,数据拥有者失去了对委托存储管理数据的控制权,因此数据拥有者通常采用加密的方法包括基于属性的加密实现数据库服务模式下的细粒度的访问控制。然而,当前提出的访问控制增强方法仅支持下面隐私保证中的一个或两个:数据隐私、策略隐私和密钥隐私。在本文中,提出了DualAcE方案:一个数据库服务模式下灵活的细粒度的双重访问控制增强机制,采用基于密文策略属性集合加密和数据库服务提供者再加密相融合的方法实现。提出的机制实现了多重隐私保证下的访问控制增强:委托数据中的数据隐私、委托授权表中的策略隐私和密钥分布过程中的密钥隐私。

6.1 访问树和密钥结构

【定义1:访问树 T[3,6,12]】 T 是一个访问树,其中每个非叶子节点表示为一个门限门,由其孩子节点和一个门限值表示。假设 n_x 表示节点 x 孩子节点的个数,k_x 是相应的门限值,$0<k_x\leqslant n_x$,因此当 $k_x=1$ 时,门限门就是一个或门(OR),当 $k_x=n_x$ 时,门限门就是一个与门(AND)。树的每个叶子节点 x 被表示为两个部分:一个是属性,另一个是门限值 $k_x=1$。

如图6.1所示,主要采用下面的函数表示访问树中的相应节点。

(1) 函数 parent(x)表示节点 x 的父亲，如 parent(x)＝root。

(2) 函数 attr(x)表示相应于叶子节点 x 的属性，只有当 x 是叶子节点的时候定义，如叶子节点 Doctor，Nurse。

(3) 访问树中每个节点 x 的孩子被分配一个索引号码，即函数 index(x)的值，函数 index(x)返回相应于节点 x 的索引号码，满足 $1\leqslant \text{index}(x)\leqslant n_x$，$k_x$ 是节点 x 的门限值。

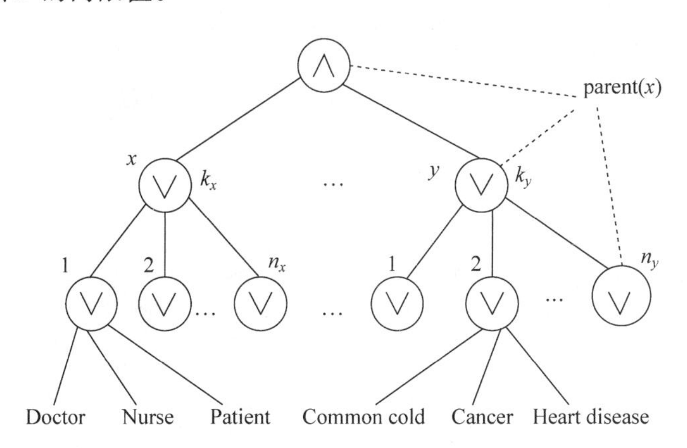

图 6.1　访问树

【定义 2：密钥结构[12]】　基于属性集的密钥结构中，集合中的每个元素可以是一个集合或一个属性。密钥结构的深度和树的深度相同。如图 6.2 所示，{Dept：Medicine，Role：Patient，{Dosease：Cold，Sensitive：2}，{Disease：Infection，Sensitive：5}}是一个深度为 2 的密钥结构。它表示一个病人的属性具有不同的敏感级别。感冒的敏感度要小于感染病的敏感度。

为了唯一标识密钥结构中的每个集合，对于图 6.2 中深度为 2 的密钥结构，定义深度为 2 上集合的唯一索引 ind_i，ind_1，ind_2，…，ind_m 被分配给每个集合。深度为 1 上的集合被分配给索引 ind_0。根据索引分配，深度为 2 的密钥结构表示为：$A_{\text{key}}=\{A_{\text{ind}_0},\cdots,A_{\text{ind}_m}\}$。一般而言，$A_{\text{ind}_0}$ 表示集合 0，A_{ind_1} 表示集合 1，…，A_{ind_m} 表示集合 m，也就是说，A_0 表示深度为 0 的集合，

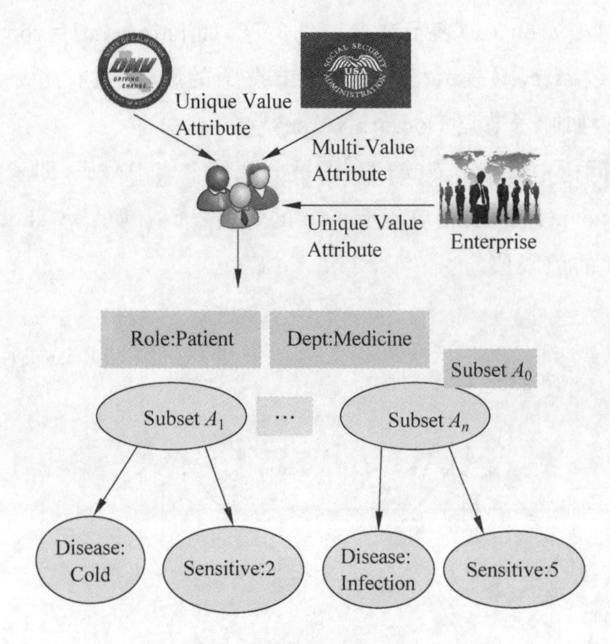

图 6.2 基于密钥结构的医疗记录

A_i 是深度为 2 的第 i^{th} 个集合。因此，如图 6.2 所示，知道 A_0＝{Dept：Medicine，Role：Patient}，A_1＝{Disease：Cold，Sensitive：2}，A_2＝{Disease：Infection，Sensitive：5}。

【定义 3：满足访问树】 假设 T_{root} 是一个具有根 root 的访问树，那么 T_x 表示根为 x 的子树。假设深度为 2 的密钥结构为：$A_{key}=\{A_0,\cdots,A_i,\cdots,A_m\}$，$0\leqslant i\leqslant m$。一个用户的属性集合 A 满足访问树 T_x，当且仅当函数 $T(A_{key})$返回一个索引的非空集合。$T(A_{key})$可以递归计算，并参与加密算法。实际上，A_{key}满足 T_{root}，只要 A_{key}包含至少一个集合 A_i，包含满足 T_{root}的所有属性。然而，来自 A_{key}中不同属性集合 A_i 的属性不能被联合起来满足 T_{root}，除非在 T_{root}上存在特定的翻译节点。假设 t 是 T_{root}上的翻译节点，那么如果用来满足谓词的属性属于不同的集合，表示为根在 t 的子树，那么数据消费者可以联合这些属性以满足由 t 的父亲节点表示的谓词。

6.2　密码学基础和数学难题

假设 G_1 和 G_2 是两个次数为 p 的乘法循环群。如果 g 是 G_1 的一个生成元，e 是一个对称的双线性对 $e: G_1 \times G_1 \rightarrow G_2$，满足下列特性：

(1) 双线性对(Bilinearity)：如果 $P, Q \in G_1$，$a, b \in Z_p^*$，下列等式成立。

① $e(aP, bQ) = e(P, Q)^{ab} = e(bP, aQ)$

② $e(P_1 + P_2, Q) = e(P_1, Q)e(P_2, Q)$

(2) 非退化性(Non-degeneracy)：存在 $P, Q \in G_1$，如果 $e(P, Q) = 1_{G_2}$，那么 $P \in G_1$，$Q = O$，因为 G_1，G_2 是具有相同次数 p 的群，如果 g 是 G_1 的生成元，那么 $e(g, g)$ 是 G_2 的生成元。

(3) 可计算性(Computability)：双线性对 $e: G_1 \times G_1 \rightarrow G_2$ 是计算有效的。

6.3　基于密文策略属性集合加密的访问控制增强

如图 6.3 所示为基于密文策略属性集合加密的访问控制增强的系统架构，主要包括 4 种类型的实体：DSP，数据所有者，数据消费者和可信授权中心。

(1) 数据所有者：可以是企业或个人，将自己的源数据库委托给数据库服务提供者 DSP，以将自身从数据库管理和维护中解脱出来。然而，为了避免将敏感数据的隐私泄漏给内部和外部攻击者，数据所有者加密源数据库中的每个元组为加密元组，如图 6.3 所示，并将加密的元组委托给 DSP 管理和维护。

(2) 数据库服务提供者 DSP：通常是专业的数据库管理服务提供者如 Amazon、Saleforce 和 IBM，并代表多数据拥有者负责查询响应、访问控制增强和常规的维护。

(3) 数据消费者：对于想从委托的数据库中查询数据拥有者敏感数据的用户来说，只有拥有正确私钥和授权属性集合的数据消费者才能够解密加密的元组，并访问数据拥有者真正委托的真实数据。

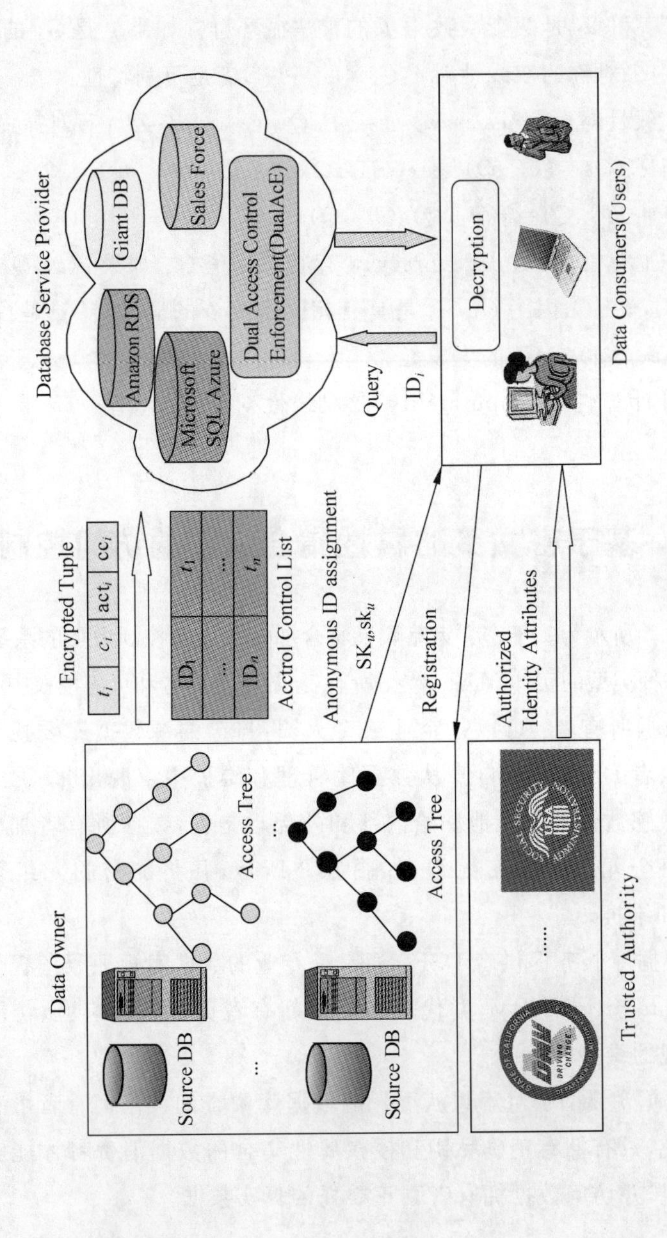

图 6.3 DualACE 系统

(4) 可信的授权中心：可以是众所周知的可信中心，如 DMV 和 SSA，他们以证书的形式颁发授权属性，如驾驶证中的驾驶证号、社会安全证书中的社会安全号码等。一般来说，来自可信中心的大多数属性都是敏感的，需要保护其隐私性。如社会安全号码的泄漏将会导致所有者的巨大损失，如在不同的活动特别是电子商务中的假冒。

6.3.1 安全威胁和安全模型

如图 6.4 所示的安全威胁主要来自以下三个方面：内部攻击者如 DSP 或不满意的员工，外部攻击者如恶意用户，DSP 和恶意用户之间的合谋攻击。如合谋攻击意味着即使一个恶意用户将其私钥给 DSP，也不能危及任何其他用户的元组隐私。相应于这三种攻击，本文对应有三种隐私保证：数据隐私、策略隐私和查询隐私。数据隐私通过根据访问树加密增强，访问树基于注册用户的身份属性构建。策略隐私通过加密或哈希访问树中叶子节点的身份属性以及匿名授权表实现。查询隐私根据加密数据存储的查询重写增强。本文主要介绍数据隐私和策略隐私。

6.3.2 双重访问控制增强

如图 6.5 所示，主要包括三个方面：数据拥有者处的首次访问控制增强和匿名授权表生成，DSP 处的二次访问控制增强和密钥分发，数据消费者处的密钥推导和元组解密。

(1) 首次访问控制增强，如图 6.5 所示的左边部分。通过为每个元组 t_i 设计一个基于秘密共享的访问树 AcT_i 实现。

(2) 二次访问控制增强，如图 6.5 所示的右边部分。通过联合 DSP 再加密机制和匿名的基于身份的授权表实现。

6.3.3 首次访问控制增强

数据所有者选择深度 $d=2$ 的密钥结构和安全参数 λ。数据所有者主要做如下任务实现首次访问控制增强，然后委托其数据库给 DSP。

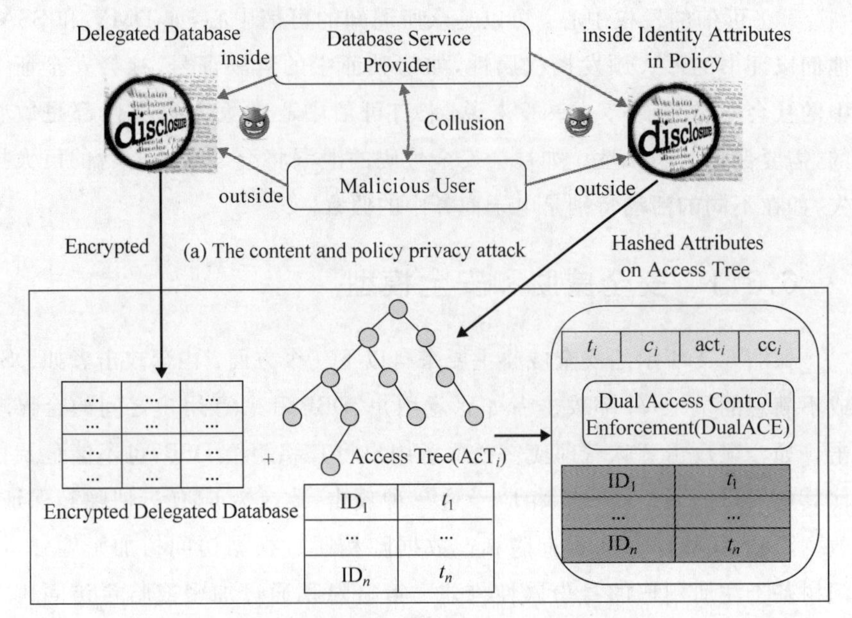

图 6.4 威胁模型和安全模型

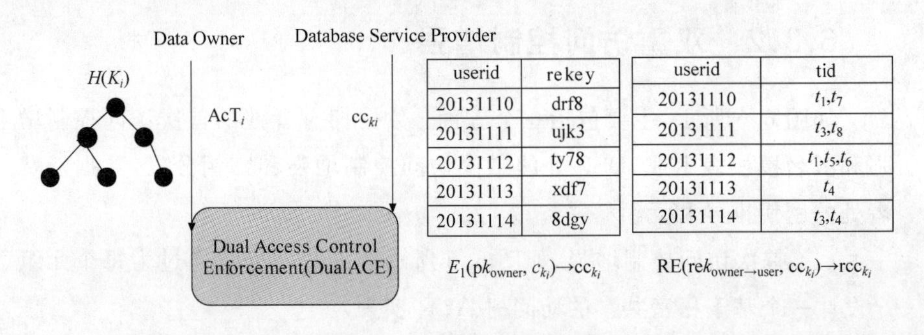

userid	rekey
20131110	drf8
20131111	ujk3
20131112	ty78
20131113	xdf7
20131114	8dgy

userid	tid
20131110	t_1,t_7
20131111	t_3,t_8
20131112	t_1,t_5,t_6
20131113	t_4
20131114	t_3,t_4

图 6.5 双重访问控制增强

1. 系统参数和密钥生成

(1) 执行安装算法 setup(λ)生成系统公钥 PK 和主密钥 MK。

$$\text{setup}(\lambda) \rightarrow (\text{PK}, \text{MK})$$

$$\text{PK} = (G, g, h_1 = g^{\beta_1}, f_1 = g^{\frac{1}{\beta_1}}, h_2 = g^{\beta_2}, f_2 = g^{\frac{1}{\beta_2}}, e(g,g)^{\alpha})$$

$$\text{SK} = (\beta_1, \beta_2, g^{\alpha})$$

其中，α 和 β_i 随机取自 Z_p，$\alpha,\beta_i \in Z_p$，这里 $d=2$，PK 可以公开，SK 是私有的。

(2) 执行私钥生成算法 KenGen(SK，A_{key}，ID_u)，为注册用户 ID_u 生成私钥 SK_{ID_u}。$A_{\text{key}}=\{A_0,A_1,\cdots,A_m\}$是基于身份属性的密钥结构，身份属性的授权来自不同的授权中心。ID_u 是注册用户 u 的唯一身份，A_0 是个体身份属性的集合，$A_1,\cdots,A_m$ 是深度为 2 上的属性集合。这里假设 $A_i=a_{i,1}$，$a_{i,2},\cdots,a_{i,n_i}$，$a_{i,j}$表示属性集合 A_i 的第 j^{th}个属性，n_i 是集合 A_i 中属性的总个数。为了增强私钥 SK_{ID_u}的随机性，下面的随机数字需要为不同的属性集合以及个体属性选择。$r^{\text{ID}_u}\in Z_p$ 是为注册用户 u 唯一身份选择的随机数字，$r_i^{\text{ID}_u}\in Z_p$ 是为每个属性集合 $A_i\in A_{\text{key}}$，$1\leqslant i\leqslant m$。对属性集合 A_i 中的每个属性 $a_{i,j}$，$r_{i,j}^{ID_u}\in Z_p$ 被选择，$1\leqslant i\leqslant m$，$1\leqslant j\leqslant n_i$。

$$\text{SK}_{\text{ID}_u} = \left(A, D = g^{\frac{\alpha+r^{\text{ID}_u}}{\beta_1}}, D_{i,j} = g^{r_i^{\text{ID}_u}} \cdot H(a_{i,j}^{r_{i,j}^{\text{ID}_u}}\right)$$

$$D'_{i,j} = g^{r_{i,j}^{\text{ID}_u}}, 0 \leqslant i \leqslant m, 1 \leqslant j \leqslant n_i, D'_{i,j} = g^{r_{i,j}^{\text{ID}_u}}, 0 \leqslant i \leqslant m$$

其中，TL_i 是用来在翻译节点时将属性集合 A_i 的 $r_i^{\text{ID}_u}$ 翻译成属性集合 A_0 的 r^{ID_u}。TL_i 和 TL_i'被设计用来将属性集合 $A_{i'}$ 的 $r_{i'}^{\text{ID}_u}$ 翻译成属性集合 A_i 的 $r_i^{\text{ID}_u}$，通过在翻译节点计算 $\text{TL}_i/\text{TL}_{i'}$，隐私密钥 SK_{ID_u}在用户注册阶段被计算并发送给用户。

(3) 执行再加密生成算法 RekeyGen(pk_{owner}，sk_{owner}，pk_{user}，$\text{sk}_{\text{user}}^*$)为注册用户生成再加密密钥 rek，这里 * 表示 sk_{user}在计算中是没有必要的。pk_{owner}和 sk_{owner}是数据所有者的公钥/私钥对，pk_{user}和 sk_{user}是用户在公钥密码系统中的公钥/私钥对。

$$\text{RekeyGen}(\text{pk}_{\text{owner}}, \text{sk}_{\text{owner}}, \text{pk}_{\text{user}}, \text{sk}_{\text{user}}^*) \rightarrow \text{rek}_{\text{owner}\rightarrow\text{user}}$$

生成的 $\text{rek}_{\text{owner}\rightarrow\text{user}}$被存储到用户再加密密钥表中作为域 rekey 的值，如图 6.6(a)所示。从 $\text{rek}_{\text{owner}\rightarrow\text{user}}$可以看到，没有私钥泄漏给 DSP。

2. 首次访问控制增强

在传统的数据库中，访问控制机制用来保证非授权的用户机密性，然而，在 DaaS 中，仅采用访问控制机制不能保证数据机密性之外的数据隐私性。因此，在我们的方法中，数据所有者需要执行下面两个步骤实现首次

userid	rekey
20131110	drf8
20131111	ujk3
20131112	ty78
20131113	xdf7
20131114	8dgy

(a)User rekey table

userid	tid
20131110	t_1,t_7
20131111	t_3,t_8
20131112	t_1,t_5,t_6
20131113	t_4
20131114	t_3,t_4

(b) User tuple table

图 6.6 匿名授权表

细粒度的访问控制增强。

(1) 元素加密。数据所有者在对称元组加密密钥 k_i 下加密每个数据元组 t_i 为 c_{t_i}，如公式(a)所示：

$$E(k_i,t_i) \rightarrow c_{t_i} \tag{a}$$

(2) 首次访问控制增强。数据所有者计算并附加额外的访问树 AcT_i 到元组 t_i 中，如公式(b)所示。AcT_i 根据基于秘密共享的访问树 T_i 计算并用于保护哈希的元组加密密钥 $H(k_i)$。通过使用 AcT_i，数据所有者可以控制谁有权利访问他委托的数据库。

$$\mathrm{Encrypt}(\mathrm{PK},H(k_i),T_i) \rightarrow \mathrm{AcT}_i \tag{b}$$

$$\mathrm{AcT}_i = (T_i,\widetilde{C} = H(k_i) \cdot e(g,g)^{\alpha \cdot s},C = h_1^s,\overline{C} = h_2^s$$

$$\forall y \in Y,C_y = g^{q_y(0)},C'_y = H(\mathrm{att}(y))^{q_y(0)}$$

$$\forall x \in X,\hat{C}_x = h_2^{q_x(0)}$$

$$E(H(k_i),k_i) \rightarrow c_{k_i} \tag{c}$$

$$E_1(\mathrm{pk}_{\mathrm{owner}},c_{k_i}) \rightarrow \mathrm{cc}_{k_i} \tag{d}$$

数据所有者需要从公式(c)和(d)计算 cc_{k_i} 作为额外的附加项到元组 t 中。cc_{k_i} 和匿名授权表被 DSP 用来进一步实现二次细粒度的访问控制增强。因此，包括在委托元组 t_i 中的项如图 6.7 所示，其中，cc_{k_i} 和 AcT_i 被 DSP 用来有效分发元组加密密钥 k_i，好奇的 DSP 和恶意的用户都不能获得 k_i。从公式(b)中 AcT_i 的计算知道，数据所有者将 $H(k_i)$和用户的属性关联，并保护 $H(k_i)$ 不会从基于秘密共享的访问树 T_i 中非授权推导。加密算法 Encrypt(PK，$H(k_i)$，T_i)在访问树中的每个节点 t 上充分利用 Shamir 的门限共享方案(k,n)。每个节点 t 和一个多项式关联 q_t，以自上向下的方式选择。计算从根节点 t=root 开始，具有关联的两个值：度数 d_t 和门限值 k_{root}。为根多项式 q_{root} 随机选择一个密钥值 $k_i \in Z_p$，$q_{root}(0)=H(k_i)$，多项式中其他的点 d_{root} 也被随机选择。对于树 T_i 中的每一个内部节点 t，度 d_t 被设置成比门限值 k_t 少 1，即 $d_t=k_t-1$，$q_t(0)=q_{parent(t)}(index(t))$。多项式 q_t 中的其他节点可以被随机选择。对于叶子节点来说，度数 $d_t=0$。parent(t)表示节点 t 的父亲节点，$q_{parent(t)}(index(t))$表示父亲节点 parent(t)的第 index(t)个节点。

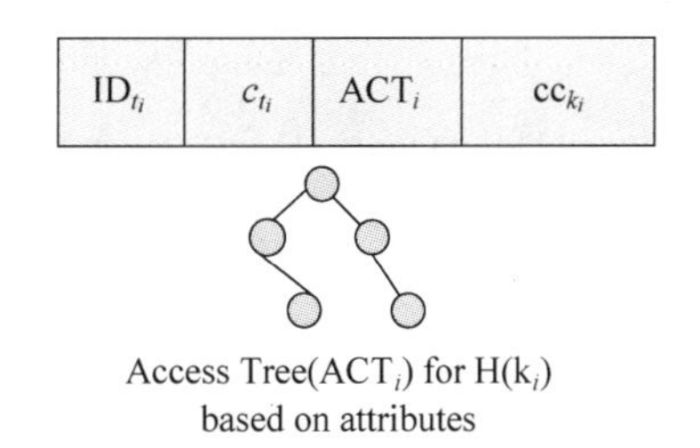

图 6.7　委托数据库中委托元组 t_i

ID_{t_i} 是数据元组 t_i 的标识，在数据库元组创建的时候自动增加，或者是根据一些规则计算的唯一标识。

在实际应用中，每个元组 t_i 有几个访问树 AcT_i，$1 \leqslant i \leqslant$ maximize，每个访问树相应于一种访问权限。maximize 是访问树的最大值个数。如一个病人元组 t_i 可以被不同的角色如医生、护士或病人自身或者具有相同职位的人访问。为简单化，在本文中设置 maximize＝1，也就是说，和每个元组关联的只有一个访问树，但是这种情况很容易扩展到多个访问树的情况。

3. 匿名的授权表

数据所有者需要委托两张表给 DSP，如图 6.6 中的 user rekey table 和 user tuple table。这些委托的表不会泄漏任何信息给 DSP。在图 6.6(a)中，包含两列：一列是匿名用户 ID，userid，另一列是用户的再加密密钥 rekey。在图 6.6(b)中，包含两列：一列是匿名用户 ID，userid，一列是元组

ID,tid,该列被授权给用户访问,如 ID_i =20131111 被授权访问元组 t_3 和 t_8。

6.3.4 二次访问控制增强和 DSP 处的密钥分发

DSP 主要需要完成如下两个工作：二次细粒度的访问控制增强和密钥分发。

1. 二次访问控制增强

仅第一次访问控制增强将会导致查询响应的无效率(如返回许多无关元组)和密钥分发的不安全性(如已知背景知识攻击)。因此,我们将 DSP 再加密机制和匿名授权表融合提高非授权表的过滤效率和密钥分发的安全性。

(1) 过滤非授权元组。DSP 首先从用户元组表中选择元组 t_1 和 t_7,用户 ID_i 基于其匿名身份 ID_i =20131110 被授权访问相应的元组。

```
select   tid from the user tuple table where userid = "20131110"
```

(2) 获取再加密密钥。DSP 从 user rekey table 中获取再加密密钥 rekey, $rek_{owner\rightarrow 20131110}$ =drf8,并再次加密元组 t_1 的附加域 cc_{k_1} 和元组 t_7 的附加域 cc_{k_7}。

```
select   rekey from user rekey table where userid = "20131110"
RE(drf8, cc_k1 ) → rcc_k1
RE(drf8, cc_k7 ) → rcc_k7
```

(3) 分发 AcT_i 和 rcc_{k_i}。DSP 分发 AcT_i 和 rcc_{k_i} 给授权用户, $i=1,\cdots,7$。AcT_i 的正确分发用来保证基于用户属性的首次访问控制增强, rcc_{k_i} 的正确分发用来实现基于 DSP 和匿名授权表的二次访问控制增强。

2. 密钥分发

在大多数提出的方法中,数据所有者随机选择元组加密密钥 k_i,并根据其访问控制策略在用户注册时分发。这使得数据所有者成为整个系统的通信瓶颈并导致密钥分发的无效性。在我们的方法中,元组加密密钥由数据所有者选择,并由 DSP 安全分发。

(1) 数据所有者为元组 t_i 随机选择元组加密密钥 k_i，并计算公式(b)中的 AcT_i，公式(c)中的 rcc_{k_i}，并将公式(d)中的值作为元组 t_i 的附加项。

$$E(H(k_i),k_i) \rightarrow c_{k_i}$$

$$E_1(\mathrm{pk}_{\mathrm{owner}},c_{k_i}) \rightarrow \mathrm{cc}_{k_i}$$

(2) DSP 根据委托的匿名授权表，用 rekey 再加密 cc_{k_i} 为 rcc_{k_i}：

$$\mathrm{RE}(\mathrm{rek}_{\mathrm{owner}\rightarrow \mathrm{iser}},\mathrm{cc}_{k_i}) \rightarrow \mathrm{rcc}_{k_i}$$

DSP 从委托的 AcT_i 和 cc_{k_i} 不能获得任何信息，因为他从委托的信息中不能推出任何关于元组加密密钥 k_i 的信息。

6.3.5 密钥推导和数据消费者处的解密

在本文中，只有来自同一个授权域，或来自翻译节点不同授权域的拥有正确属性集合 A_{key} 的用户才能从访问树 AcT_i 推导出元组加密密钥 k_i 的哈希 $H(k_i)$。授权用户需要完成如下几个步骤推导出原始授权密钥。

1. 密钥推导

只有被授权访问元组 t_i 的用户才能用其私钥 $\mathrm{sk}_{\mathrm{user}}$ 解密 rcc_{k_i} 得到 $\mathrm{ck}_i=E(H(k_i),k_i)$。然而，通过 ck_i 用户不能解密加密的元组 c_{t_i}，除非他能够在 $H(k_i)$ 加密下的 $E(H(k_i),k_i)$ 获得 k_i。而 $H(k_i)$ 只能根据用户授权的属性从 AcT_i 获得。

$$D_1(\mathrm{sk}_{\mathrm{user}},\mathrm{rcc}_{k_i}) \rightarrow c_{k_i} \tag{e}$$

$$\mathrm{Decrypt}(\mathrm{AcT}_i,\mathrm{SK}_{\mathrm{ID}_u},A_{\mathrm{key}}) \rightarrow H(k_i) \tag{f}$$

$$D(H(k_i),c_{k_i}) \rightarrow k_i \tag{g}$$

想获得 $H(k_i)$ 的用户需要执行公式(f)中的算法，然后通过计算公式(g)，用 $H(k_i)$ 解密 c_{k_i}，获得真实的元组加密密钥 k_i。

2. 元组解密

正确推导出元组加密密钥 k_i 之后，采用公式(h)解密 c_{t_i} 计算获得原始元组 t_i。

$$D_1(k_i,c_{t_i}) \rightarrow t_i \tag{h}$$

3. $H(k_i)$的推导

公式(f)中的算法有三个参数,如访问树 AcT_i,秘密密钥 $\mathrm{SK}_{\mathrm{ID}_u}$ 和密钥结构 A_{key} 作为输入获得元组加密密钥 k_i 的哈希值 $H(k_i)$。用户首先调用 $T(A_{\mathrm{key}})$ 验证 $\mathrm{SK}_{\mathrm{ID}_u}$ 中的密钥结构 A_{key} 是否满足和 AcT_i 关联的访问树 T。$T(A_{\mathrm{key}})$ 是一个递归调用算法,对于访问树 T 中的每个节点 x,存在从 $T(A_{\mathrm{key}})$ 返回的标签属性集合 A_x。如果密钥结构 A_{key} 不满足访问树 T,算法返回空或$\perp$。否则,算法从返回的集合 S_i 选择 i,并在 T 的根节点调用算法,$\mathrm{DecryptNode}(\mathrm{AcT}_i,\mathrm{SK}_{\mathrm{ID}_u},t,i)$,其中,$t$ 是访问树中的一个节点。

如果 $t\in Y$ 是一个叶子节点,那么如下定义的 $\mathrm{DecryptNode}(\mathrm{AcT}_i,\mathrm{SK}_{\mathrm{ID}_u},t,i)$ 被调用。否则,如果 $\mathrm{att}(t)\notin A_i$ 并且 $A_i\in A_{\mathrm{key}}$,那么 $\mathrm{DecryptNode}(\mathrm{AcT}_i,\mathrm{SK}_{\mathrm{ID}_u},t,i)\rightarrow\perp$。如果 $\mathrm{att}(t)\in A_i$ 并且 $A_i\in A_{\mathrm{key}}$,那么下面的解密过程 $\mathrm{DecryptNode}(\mathrm{AcT}_i,\mathrm{SK}_{\mathrm{ID}_u},t,i)$ 被递归调用。

$$\mathrm{DecryptNode}(\mathrm{AcT}_i,\mathrm{SK}_{\mathrm{ID}_u},t,i)=\frac{e(D_{i,j},C_t)}{e(D'_{i,j},C'_t)}=\frac{e(g^{r_i^{\mathrm{ID}_u}}\cdot H(a_{i,j})^{r_{i,j}^{\mathrm{ID}_u}},g^{q_t(0)})}{e(g^{r_{i,j}^{\mathrm{ID}_u}},H(a_{i,j})^{q_t(0)})}$$

$$=e(g,g)^{r_i^{\mathrm{ID}_u}\cdot q_t(0)}$$

如果 t 是一个叶子节点,那么递归调用如下解密过程 $\mathrm{DecryptNode}(\mathrm{AcT}_i,\mathrm{SK}_{\mathrm{ID}_u},t,i)$。

(1) 给定 B_t 是一个任意 k_t 大小的孩子节点 z 的集合,$z\in B_t$,当且仅当 $i\neq i'$时,标签 $i\in S_z$ 或 $i'\in S_z$,z 是一个翻译节点。如果没有那样的节点存在,则返回$\perp$。

(2) 对每个节点 $z\in B_t$,使得 $i\in S_z$,那么调用 $\mathrm{DecryptNode}(\mathrm{AcT}_i,\mathrm{SK}_{\mathrm{ID}_u},t,i)$,并在 F_z 中存放输出。

(3) 对每个节点 $z\in B_t$,使得 $i'\in S_z$,$i\neq i'$,调用 $\mathrm{DecryptNode}(\mathrm{AcT}_i,\mathrm{SK}_{\mathrm{ID}_u},t,i')$,并在 F'_z中存放输入。如果 $i\neq 0$,那么以下列形式翻译 F'_z到 F_z。

$$F_z=e(\hat{C}_z,E_i/E_{i'})\cdot F'_z=e\left(g^{\beta_2\cdot q_z(0)},g^{\frac{r_i^{\mathrm{ID}_u}+r_{i'}^{\mathrm{ID}_u}}{\beta_2}}\right)\cdot e(g,g)^{r_{i'}^{\mathrm{ID}_u}\cdot q_z(0)}$$

$$=e(g,g)^{r_i^{\mathrm{ID}_u}\cdot q_z(0)}$$

否则,以下列公式翻译 F'_z到 F_z:

$$F_z = e(\hat{C}_z, E_{i'})/F'_z = \frac{e\left(g^{\beta_2 \cdot q_z(0)}, g^{\frac{r^{\mathrm{ID}_u} + r_{i'}^{\mathrm{ID}_u}}{\beta_2}}\right)}{e(g,g)^{r_{i'}^{\mathrm{ID}_u} \cdot q_z(0)}} = e(g,g)^{r^{\mathrm{ID}_u} \cdot q_z(0)}$$

使用下面公式中的多项式插值计算 F_t：

$$F_t = \prod_{z \in B_t} F_z^{\Delta_k, B'_z(0)} = \begin{cases} e(g,g)^{r_i^{\mathrm{ID}_u} \cdot q_t(0)} & i \neq 0 \\ e(g,g)^{r^{\mathrm{ID}_u} \cdot q_t(0)} & i = 0 \end{cases}$$

其中，$k = \mathrm{index}(z)$，$B'_z = \{\mathrm{index}(z) : z \in B_t\}$ 和拉格朗日系数 $\Delta_{i,S(x)} = \prod_{j \in S, j \neq i} (x - j/i - j)$。根节点 r 上 $\mathrm{DecryptNode}(\mathrm{AcT}_i, \mathrm{SK}_{\mathrm{ID}_u}, r, i)$ 函数的输出存储在 F_r。如果 $i=0$，我们计算 $F_r = e(g,g)^{r^{\mathrm{ID}_u} \cdot q_r(0)} = e(g,g)^{r^{\mathrm{ID}_u} \cdot s}$，否则，计算 $F_r = e(g,g)^{r_i^{\mathrm{ID}_u} \cdot s}$。如果 $i \neq 0$，那么计算：$F = \frac{e(\hat{C}_r, E_i)}{F_r} = e(g, g)^{r^{\mathrm{ID}_u} \cdot s}$，否则，在 $F = F_r$ 情况下，解密执行：

$$\frac{\widetilde{C} \cdot F}{e(C, D)} = H(k_i)$$

6.3.6 安全性

提出访问的安全性主要包括以下几点。

（1）委托数据的隐私。采用随机加密密钥加密元组 t_i，因此委托元组的安全依赖加密密钥 k_i 的安全。在本文中，k_i 随机产生，不需要存储在任何一方。因此，委托元组中敏感数据的隐私，除非攻击者拥有必要的授权属性和永久密钥来恢复元组加密密钥 k_i。

（2）身份属性和身份属性条件的隐私。身份属性和身份属性条件用来构造数据所有者处的访问树 T_i 和密钥结构 A_{key}。数据所有者是可信的，不会泄漏用户的任何隐私给恶意的第三方。从委托的匿名授权表，DSP 只知道匿名用户 ID_i，再加密密钥 rekey，以及匿名 ID_i 和授权元组 t_i 之间的授权访问关系，i 取值一个范围。如图 6.6 所示，用户 $\mathrm{ID}_i = 20131112$ 可以访问多个元组 $t_i = t_1, t_5, t_6$。

（3）密钥分布的安全性。在密码学中，密钥算法可以公开，但是数据加密密钥必须保密。因此，如何将密钥安全地分配给授权用户在实际的数据隐私保证中非常重要。本文通过以下几个步骤保证密钥安全分发。

① $H(k_i)$推导。当数据消费者的基于属性集的密钥结构 A_{key}满足授权的访问树 AcT_i 时，元组 t_i 的元组加密密钥 k_i 的哈希值 $H(k_i)$可以被推导出来。然而，只有 $H(k_i)$，数据消费者仍不能解密元组 t_i，他必须再次通过如下公式推导出正确的加密密文：$c_{k_i}=E(H(k_i),k_i)$。

② $E(H(k_i),k_i)$推导。通过使用授权用户 ID_{u_i} 的私钥 $\text{sk}_{\text{ID}_{u_i}}$，再加密密文 rcc_{k_i} 可以被解密成 c_{k_i}。rcc_{k_i} 的生成基于 DSP 再加密机制，DSP 使用再加密密钥 $\text{rek}_{\text{owner}\to\text{ID}_{u_i}}$ 将 cc_{k_i} 加密成 rcc_{k_i}。DSP：$\text{RE}(\text{rek}_{\text{owner}\to\text{ID}_{u_i}},\text{cc}_{k_i})\to\text{rcc}_{k_i}:\text{ID}_{u_i}$ $\text{ID}_{u_i}:D_1(\text{sk}_{\text{ID}_{u_i}},\text{rcc}_{k_i})\to c_{k_i}$ $\text{ID}_{u_i}:c_{k_i}=E(H(k_i),k_i)$。

只有 c_{k_i}，用户 ID_{u_i} 依然不能解密 c_{t_i} 获得 t_i，他必须能够推导出正确的 k_i。

③ k_i 推导。只有当前述步骤都被正确计算，用户 ID_{u_i} 才能将加密的元组 $E(k_i,t_i)$解密成授权的明文元组 t_i。任何恶意的用户都不能获得正确的数据加密密钥。如果 DSP 是恶意的，他不能推导出关于 $H(k_i)$和 k_i 的任何信息，因为他只知道数据所有者公钥 pk_{owner}下的密文 cc_{k_i} 和数据消费者的再加密密钥 rekey。因此，他不能攻击加密元组。如果数据消费者是恶意的，他不能泄漏任何未授权的加密元组给他人，只能泄漏授权给他的元组。

(4) 避免多种类型恶意攻击者的隐私。在 DaaS 模式中，DSP 对委托的内容好奇，但是可以有效地执行各种基本的数据库操作。注册的用户可能是恶意的，来推导其他元组加密密钥的用户或者和 DSP 合谋推导。本文的方法可以从以下几点避免不同类型恶意攻击者的攻击。

① 避免好奇的 DSP。一方面，DSP 不能泄露加密的元组，因为元组是被加密的，另一方面 DSP 不能泄露元组加密密钥 k_i，因为 k_i 对 DSP 不可见，因为呈现形式为 c_{k_i} 和 cc_{k_i}。

② 避免恶意的用户。只有当恶意用户同时攻破两个部分，才能解密并访问数据所有者委托授权的元组。首先，如果恶意用户获得授权用户的 A_{key}和私钥 SK_{ID_u}，他才能推导 $\text{H}(k_i)$，而不是从 AcT_i 推导出的元组加密密钥 k_i。其次，如果恶意用户获得合法用户的私钥 SK_{ID_u}，他只能推导 c_{k_i}，而不是从 rcc_{k_i} 推导出的 k_i。只有当恶意用户同时获得 $H(k_i)$和 c_{k_i}，他才能通

过计算 $D(H(k_i),c_{k_i})\rightarrow k_i$ 推导出元组加密密钥，然后计算 $D(k_i,c_{t_i})\rightarrow t_i$。

③ 避免 DSP 和好奇的 DSP 之间的合谋攻击。DSP 可以和任何一个注册用户合谋泄漏其他用户的元组内容。然而，在本文，DSP 和授权用户的合谋只能泄漏妥协用户的元组，而不会泄漏其他任何授权用户的元组，因为很难获得其他授权用户的永久私钥 sk_{user} 和私钥 sk_{user}。

6.4　存在的挑战和研究展望

为每个元组引入一个访问树 AcT_i 以决定不同访问用户的访问权限，基于属性的访问树实现了访问权限的灵活设置，基于属性集的密钥结构实现了位于不同域用户属性在翻译节点的融合，不过存在如下研究挑战。

(1) 访问树的多重设置。同一个元组根据访问用户的不同，需要设置多个访问树，一方面导致服务提供者端存储开销的增加，另一方面元组更新会导致多个访问树的级联更新。

(2) 密钥更新效率低。密钥的分发安全、灵活、抗多种类型攻击，但是由于数据元组加密密钥经过多次运算，哈希、基于多次秘密共享的访问树、再加密等，导致密钥更新的效率低。

参考文献

[1] Sahai A, Waters B. Fuzzy identity based encryption, In Proceedings of the 24th Annual International Conference on the Theory and Applications of Cryptographic Techniques, EUROCRYPT 2005, May 22-26, Aarhus, Denmark, 2005: 457-473.

[2] Goyal V, Pandey O, Sahai A, et al. Attribute based encryption for fine-grained access control of encrypted data, In Proceedings of the 13th ACM Conference on Computer and Communications Security, CCS 2006, October 30-November 3, Alexandria, VA, USA, 2006: 89-98.

[3] Ostrovsky R, Sahai A, Waters B. Attribute-based encryption with non-monotonic access structures, In Proceedings of the 14th ACM Conference on Computer and Communications Security, CCS 2007, October 29-November 2, Alexandria, VA, USA, 2007: 195-203.

[4] Bethencourt J, Sahai A, Waters B. Ciphertextpolicy attribute-based encryption, In Proceedings of IEEE Symp. Security and Privacy, S&P 2007, May 20-23, Oak-

land, California, USA, 2007: 321-334.

[5] Waters B. Ciphertext-policy attribute-based encryption: an expressive, efficient, and provably secure realization, Public Key Cryptography, PKC 2011, Taormina, Italy, March 6-9, 2011: 53-70.

[6] Chase M, Chow S. Improving privacy and security in multi-authority attribute based encryption, In Proceedings of the 16th ACM Conference on Computer and Communications Security, November 9-13, 2009, Hyatt Regency Chicago, Chicago, IL, USA, 2009: 121-130.

[7] Wang G, Liu Q, Wu J. Hierarchical attribute-based encryption for fine-grained access control in cloud storage services, In Proceedings of the 17th ACM conference on Computer and Communications Security, Oct 4-8, 2010, Hyatt Regency Chicago, Chicago, IL, USA, 2010: 735-737.

[8] Shang N, Paci F, Bertino E. Efficient and privacypreserving enforcement of attribute-based access control, In Proceedings of 9th Symposium on Identity and Trust on the Internet, IDTrust 2010, April 13-15, NIST, Gaithersburg, 2010: 63-68.

[9] Yu S, Wang C, Ren K, et al. Achieving secure, scalable, and fine-grained data access control in cloud computing, In Proceedings of 29th International Conference on Computer Communications, INFORCOM 2010, March 15-19, San Diego, CA, USA, 2010: 1-9.

[10] Wan Z, Liu J, Deng RH. HASBE: a hierarchical attribute-based solution for flexible and scalable access control in cloud computing. IEEE Transactions on Information Forencics and Security, 2012, 7 (2): 743-754.

[11] Shamir A. How to share a secret. Communications of the ACM, 1979, 22(11): 612、613.

[12] Bobba R, Khurana H, Prabhakaran M. Attribute sets: a practically motivated enhancement to attribute based encryption, In Proceedings of the 14th European Symposium on Research in Computer Security, ESORICS 2009, September 21-23, Saint-Malo, France, 2009: 1-23.

[13] Liu J, Wan Z, Gu M. Hierarchical attribute set based encryption for scalable, flexible and fine grained data access control in cloud computing. Information Security Practice and Experience, 2011: 98-107.

[14] Hacigumus H, Iyer B, Mehrotra S. Providing database as a service, In Proceedings of the 18th International Conference on Data Engineering, ICDE 2002, February 26-March 1, San Jose, CA, 2002: 29-38.

[15] Samarati P, di Vimercati SDC. Data protection in outsourcing scenarios: issues and directions, In Proceedings of the 5th ACM Symposium on Information Computer and Communication Security, ASIACCS 2010; April 13-16, Beijing, China, 2010: 1-14.

[16] De Capitani di Vimercati S, Foresti S, Jajodia S, et al. Over-encryption: manage-

ment of access control evolution on outsourced data, In Proceedings of the 33th International Conference on Very Large Data Bases, VLDB 2007, Vienna, Austria, 2007: 123-134.

[17] De Capitani di Vimercati S, Foresti S, Jajodia S, et al. Preserving confidentiality of security policies in data outsourcing, In Proceedings of the 7th ACM Workshop on Privacy in the Electronic Society, October 27-31, Alexandria, VA, USA, 2008: 75-84.

[18] Ateniese G, Fu K, Green M, et al. Improved proxy re-encryption schemes with applications to secure distributed storage, San Diego, California, 2005: 83-107.

[19] Blaze M, Bleumer G, Strauss M. Divertible protocols and atomic proxy cryptography, In Proceedings of the International Conference on the Theory and Application of Cryptographic Techniques, EUROCRYPT 1998, May 31-June 4, Espoo, Finland, 1998: 127-144.

[20] Tian XX, Wang XL, Zhou AY. DSP REEncryption a flexible mechanism for access control enforcement management in DaaS, In Proceedings of the 2th International Conference on Cloud Computing, CLOUD 2009, September 21-25, Bangalore, India, 2009: 25-32.

[21] Tian XX, Wang XL, Zhou AY. DSP Re-encryption based access control enforcement management mechanism in DaaS. International Journal of Network Security, 2013, 15(1): 28-41.

[22] Zhou L, Varadharajan V, Hitchens M. Achieving secure role-based access control on encrypted data in cloud storage. IEEE Transactions on Information Forensics and Security, 2013, 8(12): 1947-1960.

[23] Chen YR, Chu CK, Tzeng WG, et al. CloudHKA: a cryptographic approach for hierarchical access control in cloud computing, In Proceedings of the 10th International Conference on Applied Cryptography and Network Security, ACNS 2013, June 25-28, Banff, Alberta, Canada, 2013: 1-19.

[24] Shang N, Nabeel M, Paci F, et al. A privacypreserving approach to policy-based content dissemination, In Proceedings of the 26th International Conference on Data Engineering, ICDE 2010, March 1-6, Long Beach, California, USA, 2010: 944-955.